国际时尚设计丛书・服装

时装设计：过程、创新与实践

（第2版）

[英]凯瑟琳・麦凯维
[英]詹莱茵・玛斯罗 著
杜冰冰 译

中国纺织出版社

内 容 提 要

本书通过对设计提要的分析，如何进行创新与设计拓展等基础性内容的讲述，展开讨论服装设计的面料、色彩、廓型、服装结构、装饰以及不同品类的服装设计等内容。在此基础上，对于系列服装设计、电脑辅助服装设计以及服饰的整体风格造型设计都有较为全面的讲述；同时，对从事服装时尚行业不同职业的相关内容有较为深入的描述。针对服装设计中对过程、创新与实践等探讨的需要补充了多个案例，充分展示了服装设计的艺术魅力与创造力。

原文书名：Fashion Design: process, innovation & practice 2nd edition
原作者名：Kathryn Mckelvey; Janine Munslow
原出版社：Blackwell Publishing Limited

著作权合同登记号：图字：01-2012-6441

图书在版编目（CIP）数据

时装设计：过程、创新与实践 /（英）麦凯维，（英）玛斯罗著；杜冰冰译. —2版. —北京：中国纺织出版社，2014.1（2018.1 重印）
（国际时尚设计丛书. 服装）
原文书名：Fashion Design: process, innovation & practice 2nd edition
ISBN 978-7-5180-0003-6

Ⅰ.①时… Ⅱ.①麦… ②玛… ③杜… Ⅲ.①服装设计 Ⅳ.①TS941.2

中国版本图书馆CIP数据核字（2013）第218555号

策划编辑：华长印　　责任编辑：张思思　　责任校对：梁　颖
责任设计：华长印　　责任印制：何　建

中国纺织出版社出版发行
地址：北京市朝阳区百子湾东里A407号楼　邮政编码：100124
销售电话：010—67004422　传真：010—87155801
http://www.c-textilep.com
E-mail:faxing@c-textilep.com
中国纺织出版社天猫旗舰店
官方微博 http://weibo.com/2119887771
北京市雅迪彩色印刷有限公司印刷　各地新华书店经销
2005年1月第1版　2014年1月第2版
2018年1月第7次印刷
开本：710×1000　1/16　印张：14.75
字数：161千字　定价：49.80元

凡购本书，如有缺页、倒页、脱页，由本社图书营销中心调换

Preface 前言

作为一本有关服装设计的书，其所关联的内容是如何激发设计创造。将相关信息与内容清晰准确并恰如其分地进行展示是一个既有趣又具备一定难度的尝试。由于此前的一些积累形成的经验与习惯导致我们在从事设计与教学的过程中会自然而然地去运用，从而不免落入窠臼。如果把我们放在一个新手的位置上，看看都需要哪些方面的努力！

时尚是稍纵即逝又千变万化的。本书中个别案例的选择多少会存在一些不足和时间上的误差。然而这里所选择的例子大多能切中要点，同时针对服装科技的发展和时尚产业的变化也能恰到好处地展现这些要点。

成功的设计来自于思考并通过一些方式表达出来，如将纸面上的效果图实现成样衣，并在设计的过程中不断解决所碰到的问题。好的构思不可替代，同时也是我们解决问题的核心所在。

在此我们罗列了诸多有助于成功的因素，这取决于每个人对它的理解并打上了个人的烙印。无论你将成为知名的设计师还是做零售，或是成为提供产品的供应商，或是作为新媒体的传播者挥舞“时尚”的大旗，书中提到的很多设计技巧与流行因素在很多时尚领域中都能奏效，当然同时还需要你具备一定的驾驭力和执行能力。

作为一名设计师抑或是学生，在你开始做设计的时候尽量先抛开那些约定俗成的想法，同时也不要把设计的结果当做焦点而进行设计。大家可以在阅读此书时打开你的设计历程，在游历中可能迸发出意想不到的惊喜和火花，给我们的创新与设想带来更多的空间。如果我们把设计过程中每一个组成要素都做了彻底的探索，那么整个设计开拓的历程将是令人振奋的，同时我们获取的设计方案也将会是有独到见解的。具备一定的技巧有利于我们将设想变为现实，而到底是多大或多少，就是一个需要判断的问题了。

本书命名为《时装设计：过程、创新与实践》，并采用了以下的思路：过程采用的是详尽而清晰明了的描述方式；创新采取不同的思维方式和手段寻找新事物，同时拒绝经验之谈；有关创新的训练可被多次运用；实践显然主要针对的是时尚产业职场和案例研究来展开。在这罗列了大量的信息，将时尚产业职场中需求与设计的通用元素做了很好的链接，这样可以帮助同学们更好地理解设计的来龙去脉。

希望本书能够给予读者在设计过程中一定的指导。除此以外，本书在图形设计与平面包装和时尚风格造型等方面还提供了比较多的应用案例。

作为学生，学习中感到最困惑的方面之一就是面对海量的信息不知如何着手。不要忽略短期目标，因为设计经验是不断积累而形成的。可以说时尚这条路上职业选择的路径有很多，比如你可能成为一名纺织品设计师，也可能是时尚造型师，或者一名女装设计师，又或者是一位时尚平面设计师。然而无论什么样的选择都取决于你个人的能力与判断。对各方面的服装设计还需分门别类地学习与研究。

作为设计，还需要补充说明的是所谓设计的最终解决方案是没有明显对错之分的（如在时尚商业领域里，成功的依据往往取决于这件设计产品的销售量），解决问题的手法被打上了个性化的烙印，在实现设计要点的创作过程中不断形成……

好好地享受设计的过程吧，在创新的历程中去体验实践！

Contents 目录

Introduction 介绍

时尚这个词意味着变化。这种变化的步伐没有停止的迹象以至于设计师们在不停歇的压力下时常需要保持创作的动力。产能的不断提高和信息技术的高速发展加快了这一步伐，并不断缩短从产品设计到零售终端的时间，时装秀场中的样式也快速地被转化成街头时尚。一些时尚品牌的服装设计不断翻新和多样化进而形成它们的影响力。在这样的一个竞技舞台上需要一些训练有素的设计师和相关的从业人员，如时尚买手或形象设计师等。

一些综合性的大专院校开设了时尚方面的学位课程或专业课程等为时尚的教育奠定了坚实的基础。这本书也是为致力于投身时尚和设计的人们所准备的。

由于服装设计中有诸多方法可以采纳，同时也有很多因素需要考虑，以至于一些新手们会感觉不知所措。本书通过对设计中有关的基本原理和常规练习的讲述，使服装设计建立在一个赋予逻辑的过程中，并提供一定范畴的技能巩固训练等内容。时尚设计的过程由此而被熟知并掌握。

需要强调的是设计中有多种途径，其选择取决于每个人的理解和其所形成的哲学逻辑思维。由这种哲理思维不断形成的经验能够提高我们辨别设计好坏的能力，判断材料可否使用的能力，以及思辨该设计是一时的流行风尚还是经久不衰的时尚风貌的能力。有时缺乏经验不一定是一种障碍，善于观察并不断感知我们周围所发生的一切能够增加设计的养分。当然，保持热情并勤于思考也必不可少。

本书对当今时尚产业中从事设计的人员所需掌握的内容做了概括性的描述。我们更多关注的是从比较宽泛的角度来了解时尚，而不是哪一个具体的方面。由于篇幅的关系，本书涉及的内容也比较有限。

本书将着手开始设计时需要掌握的知识和具备的技能进行综述并将其汇聚在一起。设计过程中不同的阶段被逐一研究，如从灵感来源的调研到流行趋势的分析，从拓展时装设计再到系列化的整体设计，进而到时尚产品的推广等。

本书采取多种解决问题的方法来激发学生的创造能力、实操能力和多样化能力。对所谓的“天分”做了些逻辑化的考证，使得同学们通过一定的训练能够在此方面有所提高。有关创新方面的练习可以反复多次使用。

此书中所描绘的从研究到拓展再到实物化的设计过程同样适用于时尚的推广和平面包装等方面的设计。希望设计师们能对这个过程深刻理解并运用自如，形成自己的风格。

本书的后半部分通过案例分析向读者展示了服装设计时解决问题的具体方法及应用。

一些章节针对即将毕业或者准备进入实习阶段的学生们做了专门讨论，即如何按照时尚产业的要求准备设计作品集。

由于本书的重点是有关服装设计的基础设计历程，因此针对板型裁剪的深入分析等在此不多涉及。然而板型裁剪的研究能够从侧面提升服装设计的能力，如我们提及的“创意裁剪”和结构设计与传统的诸如基于“印花图案设计”思维是截然不同的思路。因此我们给大家推荐了一些有关板型裁剪的资料。

市面上设计理论方面的书籍有很多。关于如何成为好的设计师以及怎样具备优良的设计品位一直是设计领域里热议的话题。

下一页是一幅简明扼要的有关设计历程的流程图。

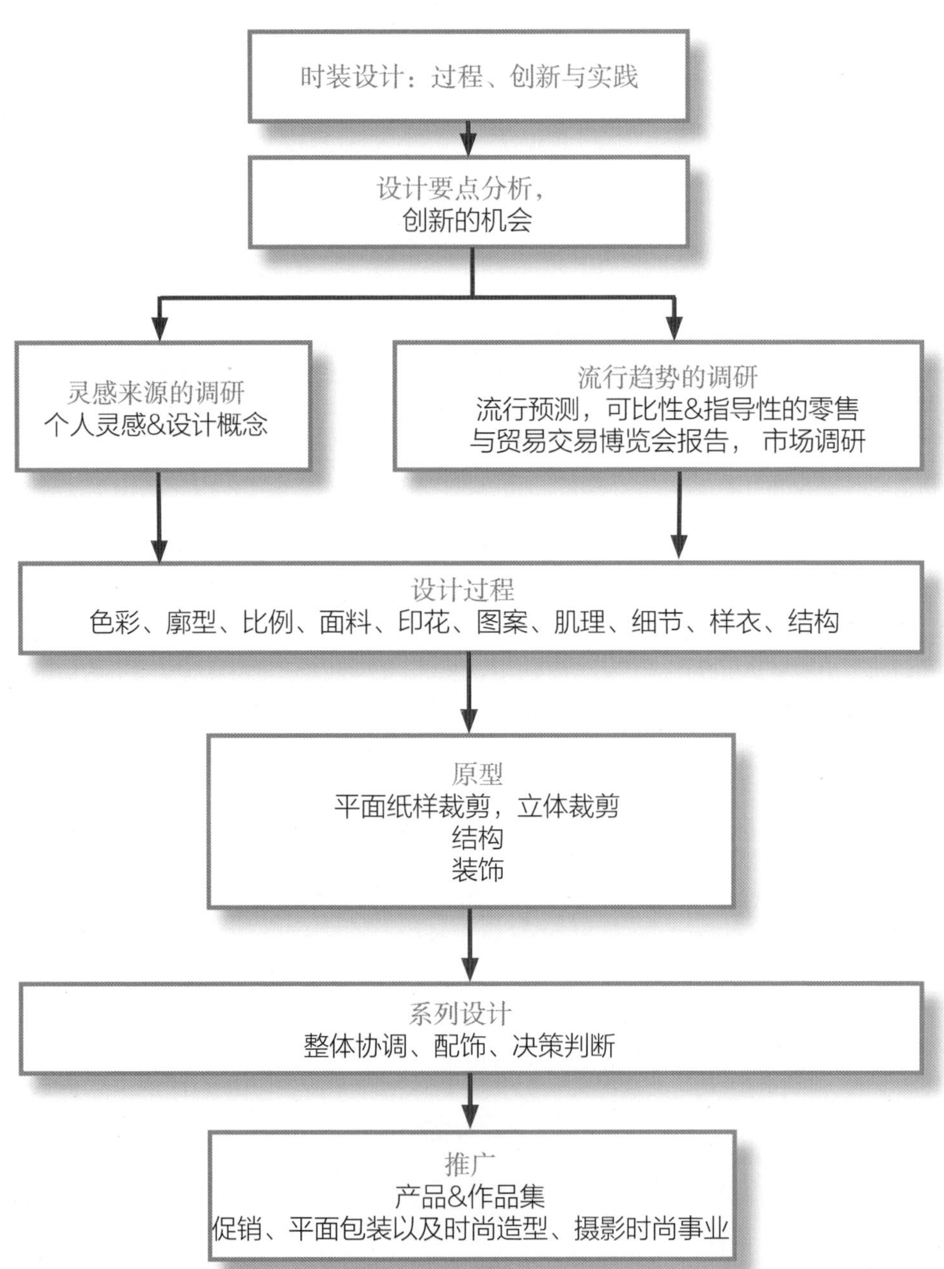
时装设计：过程、创新与实践
设计要点分析，
创新的机会
灵感来源的调研
个人灵感&设计概念
流行趋势的调研
流行预测，可比性&指导性的零售
与贸易交易博览会报告，市场调研
设计过程
色彩、廓型、比例、面料、印花、图案、肌理、细节、样衣、结构
原型
平面纸样裁剪，立体裁剪
结构
装饰
系列设计
整体协调、配饰、决策判断
推广
产品&作品集
促销、平面包装以及时尚造型、摄影时尚事业

Analysing The Brief 设计要点分析

在设计工作展开伊始，准确掌握设计目标对象以及整个设计项目的要求至关重要。通过对设计要点的理解来仔细分析成败的关键，提出恰到好处的问题同样重要！

行动清单

- 你需要做什么？
- 你预计采用什么样的方式来展示设计结果？
- 总体设计工作量有多少？
- 是否有工作期限？
- 你能借用时间表规划工作任务吗？
- 你将如何分解工作任务？
- 是否有预算？预算是多少？
- 是否有一份能够更好了解市场的销售报告？
- 这份销售报告是指导性的还是比较性的？
- 你还需要关注其他方面的资料吗？如历史的、文化的、政治的、社会的、艺术灵感等方面的。
- 是否有需要特殊考虑的部分，例如儿童睡衣的设计要求？
- 针对哪个季节设计服装？如何采纳流行趋势中的信息？
- 有哪些杂志是需要参考的？
- 将采取哪种类型的面料以及整理工艺？
- 你有面料的信息来源吗？
- 需要做出样衣来吗？
- 你对设计中的色彩、面料、廓型、细节以及图案、肌理等是否有成熟的构思？
- 执行方案如何？
- 你对目标市场是否有全方位的理解？
- 你是否用到有创见性的表现方式和一定的多媒体技术？

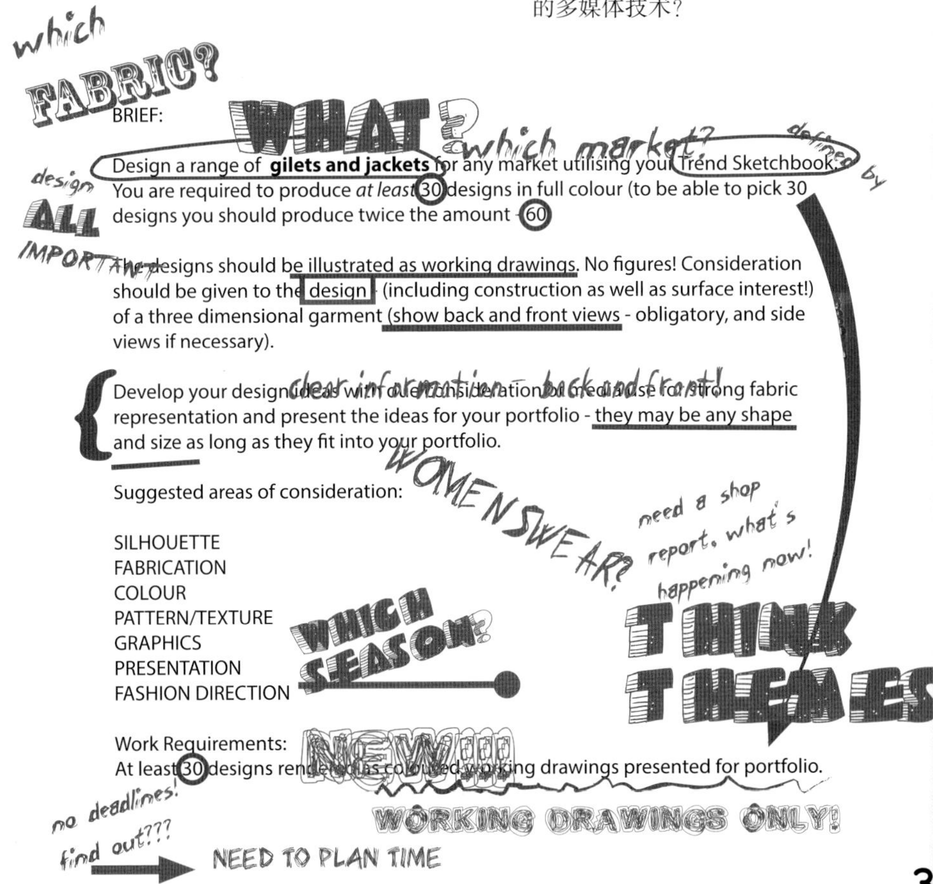

设计要点分析

ANALYSING THE BRIEF设计要点分析

由凯文·希尔顿博士论述

要点分析应从问题的解构和解析开始，并以重建结束。分解要点使你得以尝试并确定客户们的所需，更重要的是，识别客户的实际需要。在客户试图描述问题时，要点通常模棱两可。

如果你仔细察看一些难题并进行横向思考，将会注意到通常有三种类型的内容出现在问题/提要的结构中：

· **关键要素：**框架要点是积极或是消极的。

· **情景要素：**属于次重要因素，有助于设定关键要素的情境。

· **分散要素：**只用于分散关键要素。

必须快速识别和去除分散要素，从而澄清要点结构和识别关键要素。一旦确定分散要素，就需要以清晰的上下文重建要点，以情景要素进行描述，为设计者和客户设定情景，从而更好的理解关键要素。如果情景要素严重倚赖固有经验，使用联想和隐喻的方式有时可能会有帮助，从而使关键要素得以充分理解。

一旦你为要点拟定了清晰的上下文，并在设计过程里采用了创新的手法，你就需要针对设计者和客户以“行动清单”来显现出你的意图并推论出设计要点。

需要注意的是针对要点分析的过程有两种不同的方法。设计采用的是问题识别方法，这是一种反应式的方法，通过识别和解决最关键问题而创造更好的产品或服务。

创新则是通过识别机会采用积极的方法改变产品或服务来满足用户需求的途径，通过创新来避免问题。

在解构和重建设计要点时，无论使用设计本身还是创新的手法，日益明显的是，需要更多的市场知识以及有关经验来保持稳定性，特别是在创新的环境中。

从你初次建立设计要点起，就应该明确所需研究的方向。试着草拟一幅心智图，用于清楚地记录你的方法和研究结果。用关键方法和/或关键问题开始绘图，然后开始用相关问题加以扩展。随着你持续地研究和对市场领域所提供的机会在理解上不断加强，你需要增加新信息来保持跟进。有多种不同方法可用于绘制心智图，扩散法是最常用的，同时也可以通过在多个要素相关问题之间创建联系来尝试联网思维方法。通过这种联网思维方法，你会感知到一些原本不太重要的问题对于整体范畴中的多个要素而言是非常关键的。该心智图可用作回顾点，但是你还需要其他工具作为整个过程的一部分。例如，尝试创建一个需要关注的问题类别检查表。

另外，始终在手头留有一份笔记，用于记录数据、问题以及一些想法。短期记忆通常是不可靠的。

你的研究方法应充分记录图片、样品、参考材料和其他相关数据，整齐归档供快速参考并完成清晰的记录，从而使任何浏览该项目的人员都能够轻松确定项目的当前状况，并确定实现目标的方法。

Innovation 创新

本章提供了一系列用于促进创新思维的练习，从而能得出具有创新意义的产品以及创建出成功改变我们做事方法的过程。

这些练习一般在项目开始时，需要对设计要点进行分析，然后才能有效发挥练习的作用。有时需要投入一组人员，这样的练习对于开发一系列全新产品有促进作用。

推动创新的练习

作者：凯文·希尔顿 博士

头脑风暴法

头脑风暴法或概念生成法可以说是一种很有用的“第一行动”练习。由2～8个人参加，再增加1人担任引导员。引导员负责用前 5 分钟或 10 分钟演示一段有趣的视频剪辑节目并且提出一个横向联系思考性的问题，或者是类似事项，从而开始授课。然后，以从小组中获得尽可能多的想法为目的，引导员提出主要问题。随着人们开始产生想法，引导员以“不批评”为原则促使小组成员不偏离主题地发散思维（允许稍稍偏离主题，这可以让小组从不同角度回归问题）。应始终提供饮料和糖果等茶点，不只是休息时提供，而是将它们作为一种能量来源。可以根据主题变更授课时间长度，但是不得短于 1 小时，因为人们需要花费 20～30 分钟定下心神来进入思考状态。

尽管在授课期间得出可行的解决方案是有益处的，但是如果人们只谈论自己认为可行的事情，那么他们对某些想法的心理排斥可能会妨碍他人寻求可行的解决方案。除了能够得出诸多潜在解决方案以外，头脑风暴法还可用来潜意识的思维充电，以增强持续性思考问题的能力。

检查&回顾

在整个项目中，无论是检查头脑风暴法得出的想法还是检查项目阶段的完成情况，你都应该具备非常明确的意图来回顾迄今为止的工作。此类检查需要采取较积极的批判精神，目的是对项目进行检视，进一步增加获取机遇的可能，同时改善迄今采用的方法。此方法又被称为全方位质量管理，是一种颇具价值的管理手段。

为了完成头脑风暴或对项目各个阶段进行的检查，你需要一份有设计要点的影印件、主题或行动清单，它将被用于实现设计提要应达到的要求。通过这些你可以衡量所产生的设计理念的价值，同时掌握整个项目的进展情况。

询问练习&激励

要使任何行动或过程变得更具自发性，都少不了经常性的练习。但是，为了做好练习，你需要得到激励，而这种激励只能产自于内心。你必须确定你自己容易对哪种情感、或生理上的或精神上的体验产生共鸣，同时保持思维开放并勇于尝试新事物。

下面一系列不同类型的练习主要用于提议并激发设计来源，从而能够改进你对机会的识别，同时提高解决问题的能力。

替代用途

该练习可用作头脑风暴前的短暂预热。从家里或办公室取一物品，看看你或你的同事在 5 分钟内能想出多少种替代用途。以组为单位进行比赛。也可以单人做这项练习，但是最好不要采用单人比赛的形式，因为作为团队的一员输掉比赛比作为个人输掉比赛更容易克服。

联系&情节

单人或以小组的形式做练习，提出一些想法，并把这些想法放在一起。考虑使用这些想法能否勾勒出新的理念或产品。如果不能，再用别的想法做尝试，直到得出可行的概念。

这个练习有些类似于头脑风暴，但是和头脑风暴产生大量设计构想所不同的是此练习所产生的是如何评价这些构想的方法，也是有关如何提高个人把握机会的方法。

二十问

这个练习有时也被叫作“动物、植物、矿物”练习。在有限的二十个提问中只能使用“是”或“否”来回答。这个练习有些像小孩子们做游戏，即提最少的问题而猜出答案。因而在此还有如下一些建议：提问的一方首先要想好了问题，同时考虑如何把问题说出来，回答的一方尽可能快地缩小范畴而进行聚焦，并同时需要考虑提问方在不经意中流露出的答案线索。例如，回答的一方是否注意到提问的一方一直在朝着屋里的某一个方向看而给予的暗示。

横向思考

有很多益智方面的书能够作为此练习的训练素材，这些素材可以被构想在一起进行使用。这类练习的某些方面和“二十问”的训练有些相似，不同的是所提问的数量是不受限的。然而，你不妨施加一些限制。建议无论是提问者还是回答者，都要对问题的实效性深思熟虑。往往在刚开始之时需要问些什么会比你想象中要难一些，然而你会在过程中不断地找到思路和乐趣。

如何进展工作

尽管你认为产品设计是此练习的重头戏，然而商业服务也同样重要。这是有关探究性的练习，它可能包括了探究缝纫线迹的粗细或探究服装特许经营等不同方面的内容。如此这般的质疑与探索让我们对周围事物在一段时间之后有了更深刻的理解。这种敏锐的感知有助于我们提高和把握机会的能力。

分析失败原因

此练习与上一个练习比较相似，但思维方式与路径是截然不同的，其所提出的质疑是关于产品和服务到后来为什么会失败。有些机会来自于失败，当然也包括了来自于自己的失败。“不要害怕失败，请关注它”。没有失败就无法从中汲取教训。

自然现象

尽管你可以找到提高解惑能力的一些书籍，并且具备了辨知的能力，但更为重要的是你一定要亲自尝试一番。如同前两个练习，此练习能够增强你的认知能力以及激发你的探求能力。

在生活中的一天

这是一个社会实践练习，你可以从某一特殊之日所遇特别之人入手来增加你对该事物其他方面的了解与认知。很多人只是从标题上入手做理性的探讨，而你在做这个“生活中的一天”练习时可以从加深体验或是从一类私房话开始。

一展身手

这也是有关经验积累的练习。与之前的练习有所不同的是你需要亲力亲为做一些事情，当然是在不有损你的健康或体貌的基础上。例如尝试给10个人做顿饭，重新规划与设计一下自家花园，或者读一本经典小说。你可以考虑将练习经历以录像的方式记录下来。

做事独辟蹊径

请试着用不同的思维与方式将之前多次做过的事情再做一次。同时给自己提问：这次使用的方法相比之下有何利弊。定期给自己制造一些新的体验与尝试，并将这些训练与之前的经验做比较。

变魔术

这个练习开始于一个魔术，这个魔术也许是你见过的或了解的，但是请你试着重新审视此魔术。同时请你问问自己：这个魔术的实现取决于装置设计的方式还是转移观众视线的方式？你可以独自一人操作吗？你如何演绎最好的魔幻效果？这是一项实操性很强的练习，尽管如此，手脑并用更为重要。

类推法

类推的练习做得越多，对其他练习的帮助就越大，它对记忆力的改进和对机会的感知同样有很大的帮助。类推法有时通过“如果……于是、那么……”的推理方式激发思维跳跃的转变。如果有些问题采用益智方式解决，在类推时可能产生更多类似的内容，这些内容可能会对你解决手头上的问题有所启发。类推法也是用来解释全新概念的一种好方法。

知识转移

对于掌握或者了解某项事物的最好办法就是能够把它说出来。通过口头的表达，你会发现你对该事物的认识更加清晰了。这并不是因为仅仅要传递信息，而是因为每个人在接受知识的时候其处理视觉信息、听觉信息以及运动感觉信息的方法是大不相同的。大脑在接受方式上越多样化，对于要记住的信息就越容易回想起来。因此对于这项练习，只要有机会你就应该去做，你会有收获的。

记日记或日志

经常携带日记本或备忘录可以促使你随时记录一些构想、信息和问题。你无法指望那些在你脑海里短暂经过的构想能够被一直记住，但当你把它们记录在案的时候，这些信息就转化成了一种长久的记忆。与其说这项练习是思考训练，不如说是记录信息训练。

拓展思维技巧

在斯蒂芬·鲍凯特(Stephen Bowkett)的书籍《100招教会思考》里，作者提出了“有效思维的七项配置”观点，这是一些非常理想的技能，设计师需要具备开明的头脑才能激发训练的效果。

有感召力的思考者

- 爱冒险，思维活跃，充满好奇心。
- 喜欢提问、探索和质疑。
- 积极构建阐释（按照他们目前理解的思维水平）。
- 善于制订计划和创建策略并能够不断修正它们。
- 做事精准，有组织能力并考虑周密，能够认清在创造性思维方面易“混乱”的一些内容——无逻辑性、不合理性、不够清晰的一些内容。
- 合理的价值观念，探索和评价其来由。
- 做事深思熟虑，元认知（对认知的认知）。

系列视觉训练练习

在上述练习的基础上，一系列视觉训练将会开拓出更多的设计。有时如何开个好头略有难度，比如我们在设计提要分析的初始阶段还没有得到一些资讯指导时，而这些练习或训练等也将会给后面的研究提供一定的创作来源。

第一个练习通过创建一首诗歌来解释达达主义艺术技巧，这个方法由崔思婷·特扎娜(Tristan Tzara)提出。

- 寻找一张报纸，任何报纸。
- 用剪刀将报纸上报载的文章剪下来，特扎娜建议文章的长度要适合诗歌的长度要求。
- 把文章中的每一个单词剪下来后放置在一个书包里。
- 轻轻地摇晃这个书包。
- 按照从书包里拿出单词的顺序将这些词

汇链接拼在一起。抄录这些词语组成的文字内容。

- 以上所组合的文字内容即是这首诗歌，它来自于你的创作并且这种奇特的感受或许能够成为创作的灵感。

威廉·巴勒斯(William Burroughs)开拓了这种碎片式的技巧，他将一些无序的原文进行组合和拼接后成为一段独立的叙事文。这种理念可以避免一些俗套的语言模式并且能给读者带来与众不同的思考。可以试试用这种方式来重组一些好评的小说、科技丛书或艺术原理。

最后的这个练习来自于艺术家汤姆·菲利普(Tom Phillips)，他也深受威廉·巴勒斯和达达主义艺术家们拼合技术的影响。

汤姆·菲利普运用M.H.迈乐克的“人类记录”(Human Document)作为主题进行拼合而得“人录”(Hum-ument)可以说是迈乐克的衍生版。汤姆通过对原文做一定的删减而把剩下的词语排列在同一页图上。

有关达达主义艺术、崔思婷·特扎娜、威廉·巴勒斯、汤姆·菲利普和“人录”等可以从互联网上获取更多的灵感和资讯。

插画：海伦·伊格瑞(Helen Ingrey)，文字素材来源于道格拉斯·库普兰(Douglas Coupland)音乐专辑Life after God。视觉效果摘自于“微生物”章节。

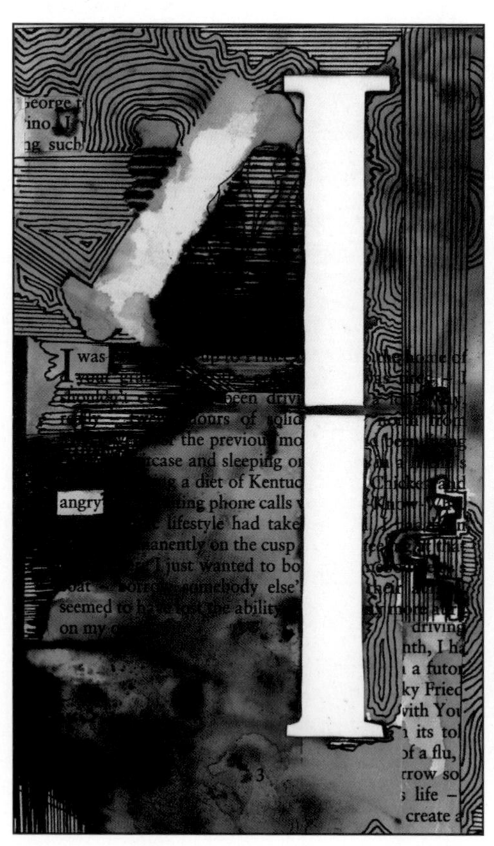

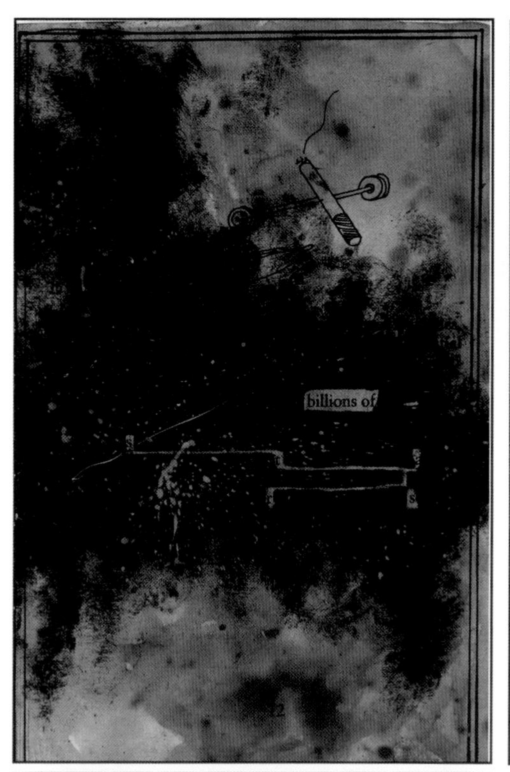
billions of

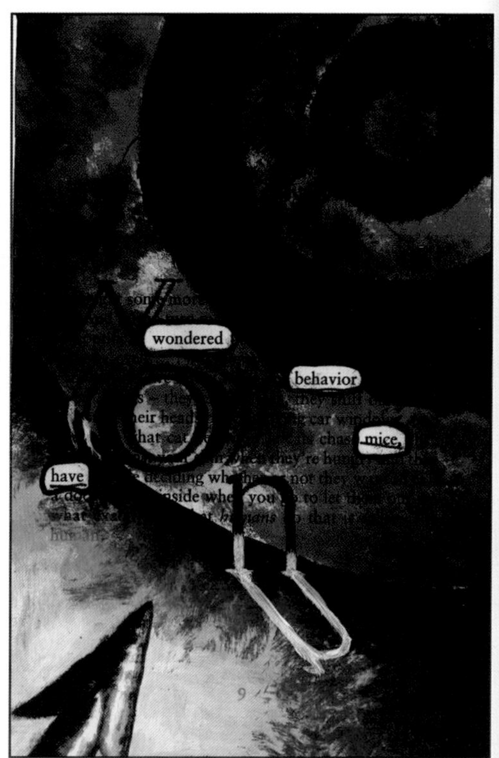
wondered
behavior
mice,
have

one day
You
change

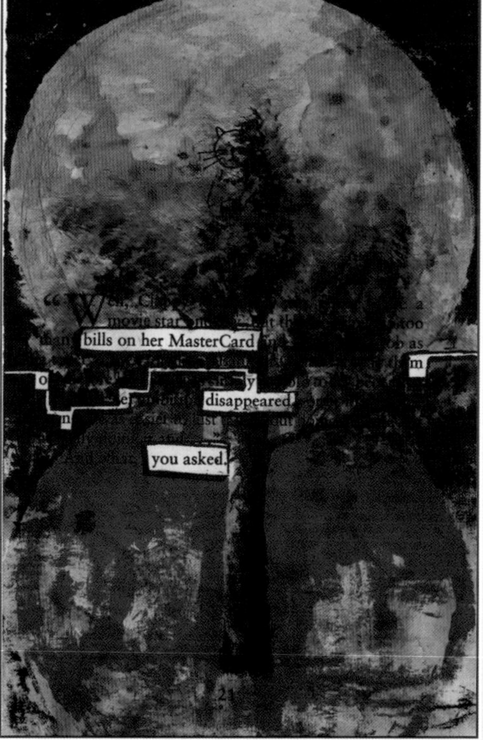
bills on her MasterCard
disappeared
you asked.

创新

插画：迈克尔·莱恩（Michael Laine），文字素材来源于道格拉斯·库普兰(Douglas Coupland)音乐专辑Life after God。

其视觉效果摘自于“谬错的太阳”章节。

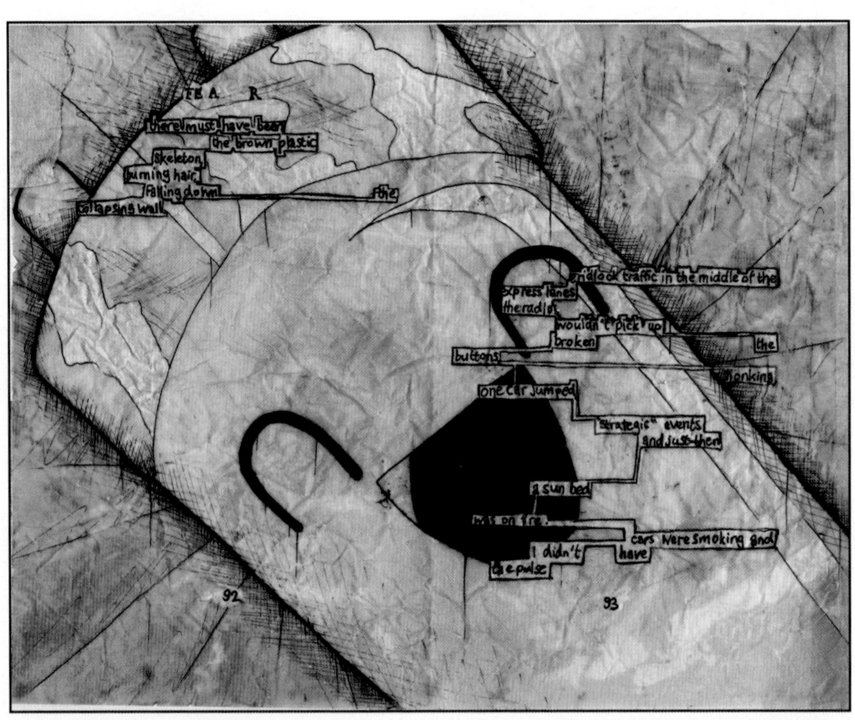

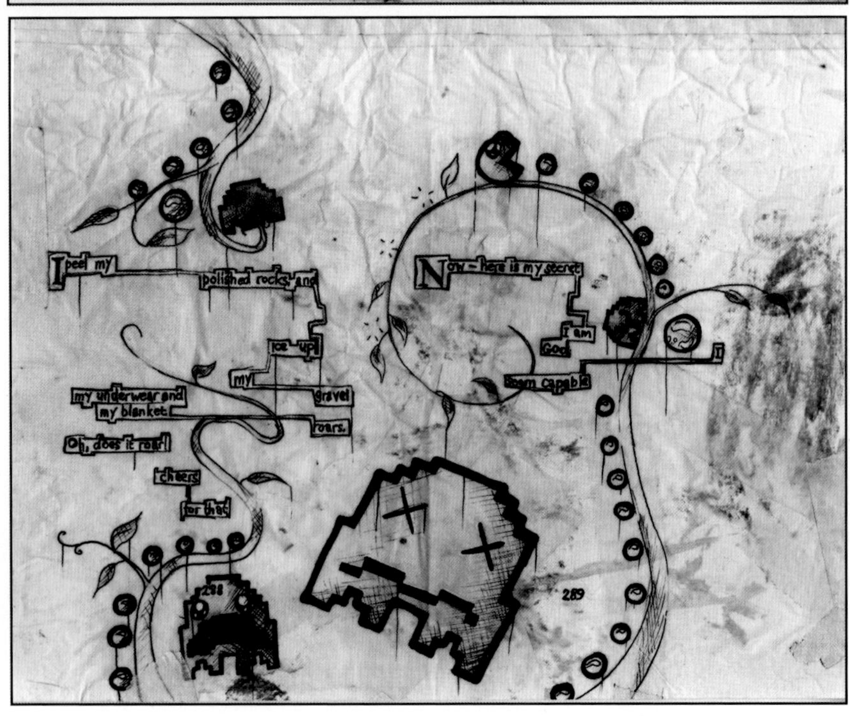

HE RON SU
tonight
I fell
when I got back home
asleep
I dreamed that
skyscrapers
of glass
trying to find
Superman.
70

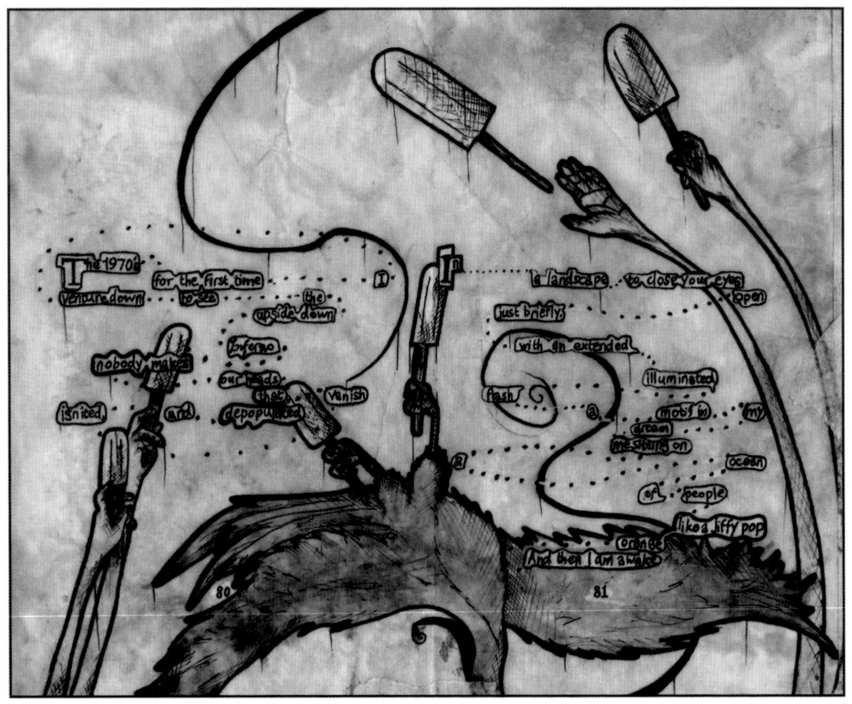
The 1970s
for the first time
venture down
to see
the
upside down
Inferno
nobody makes
our heads
that
vanish
isnited
and
depopulated
I
In
a landscape
to close your eyes
open
just briefly,
with an extended
illuminated
flash
a
motif in
my
dream
me sitting on
a
ocean
of
people
like a jiffy pop
orange
And then I am awake
80
81

插画：斯蒂文·凯里（Steven Kelly），文字素材来源于道格拉斯·库普兰(Douglas Coupland)音乐专辑Life after God。

其视觉效果摘自于“沙漠之中”章节。

注意这几页以及前面跨页中不同处理的画面，主要技巧有绘画、插画以及平面设计等处理手法。

Quickstart Exercise 快速启动练习

成功的设计之所以能够得以顺利地拓展，其关键在于对所使用的素材能进行充分的研究，也就是说，之所以选择这些材料是因为你发现了它们的可取之处，并有可能付诸于实现。在接下来的过程中，需要完善不同的设计技巧以及个人的判断与决策能力，以更好地取舍和修正设计理念。在下面的流程图中你可以选择一个或多个不同级别的元素展开你的设计。

请记住，如果你已经很好地分析了此项任务的设计提要并掌握了设计中的“参数”，那么你的选择将会容易一些。把那些对产品最终设计有“约定俗成”影响的想法先搁置一边，这样会使你的设计过程更富于创意与挑战，同时也会使你的创作更多样化，并且没有太多的偏见。

Research 调研

调研这项工作是关于发现你想知道的东西还是发现你所不知的东西呢?

为什么调研如此重要?调研的类型分为关于洞察与开拓设计灵感来源的调研和关于对某一领域较深入的调研两种。

例如当你在创作时需要寻找灵感来源时,你可以走访画廊、参观展览,了解当代艺术思潮活动或者去博物馆了解传统历史文化等。这种多元化的调研是从比较宽泛的领域获取更多的素材来源,是一种非常明智的选择。在开始收集与整理调研素材时,有意识地收集素材可以给你的设计理念提供思考的焦点,以至于在调研开始后的工作里能够带来并激发诸如以下理念的内容:色彩方案、主题风格、设计手稿、面料的选择、文案注释、平面设计包装纸纹的细节设计、背景壁纸、广告设计、摄影处理、服饰装饰、物件设计、样品缝制、值得纪念的内容、明信片、怀旧的图案等等,以及动画剪报、音乐、图形图画做成的数码剪贴设计理念板等。一个关于高科技运动装的设计提要里应该包括了对此类运动装市场和该类型产品创意的深入分析,从而帮助设计师解决有关问题。很多设计任务中都包含了以上类似两方面的调研。

如何使调研内容成为在设计实践中有效的素材来源?其实调研的过程如同游历的过程,它包括了从提出问题到开拓探索,逐渐完善设计概念以及用视觉的方式来解答这些抽象理念等过程,当然这些过程都是基于我们大量的观察与研究后才可以获得的。

通过对调研信息视觉化的构想、联系与思考可以获取丰富的视觉素材来帮你激发整个设计,包括从主题概念到最终的设计细节等。

在调研时,一方面从设计的定性分析和市场情报的要求出发来观察和寻找灵感素材,并配合一定的判断来完成这项工作;另一方面还需要具备一定的通识能力来促成。

一般情况下,设计师们可以从市场咨询专业机构所提供的目标消费者的基本生活信息和消费购买信息中获得目标市场的定性分析结果。一些专业的时尚流行预测资讯公司可以提供色彩、轮廓造型以及面料等潮流信息。当然设计师们一定要在这些非常宽泛的素材中不断地探索、寻找、思考判断,并将之转化成有效的设计成果。这样的设计历程诸如从打比喻类推到建立情景模式,再到落实设计的范畴与内容等都能帮助我们不断协调与完成符合当今社会潮流发展与物质需要的设计——如何打造当今社会人们所需要的服装产品。

本质上可以通过视觉记录信息的方式将设计过程联系起来,如速写或设计草图等就是一种基本的技法。用这种视觉方式整理信息可以将设计中不断涌现的崭新设想或理解等记录在案,使得一些无序的思维片段也能被实现。

知识与信息如同被分开了的有用线索,在设计时是极为重要;设计理念以及比较模糊的概念需要加以组织和运用才能够起到一定的作用。同时,这种技能还取决于对相关问题的批判性思考。

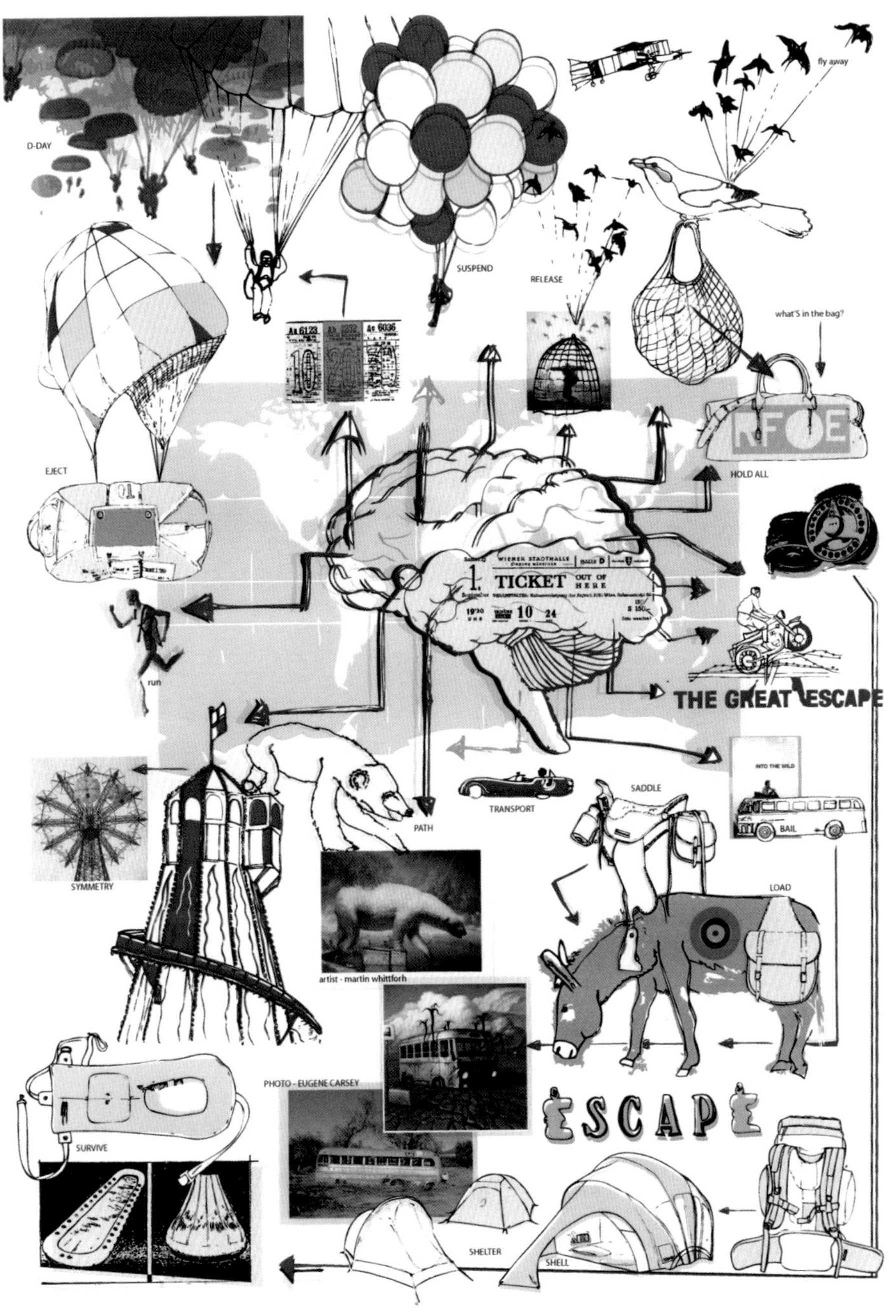

怀旧军装风格背包的调研及推理图，由萨拉·格朗特(Sarah Grant)提供。

Inspiration 灵感

设计理念可以取材于很多方面，它们可以是一些素材原汁原味的内容，也可能是设计师对某一事物非常关注的一些方面，或者是受时下人们所思所想的影响而成为时尚流行大势所趋的一个部分。灵感来源有着很强烈的个性化特征，并和设计者们的个人阅历紧密相连。

着手收集有关素材能够给予设计构想以明确的关注点，同时还能提供一些能够激发设计理念的材料。这种可供参考的素材能够给设计主题带来颜色、肌理、图形或款式等方面的设计方案。

灵感可以来源于自然界的一些造型、色彩、纹样或是天然质地。

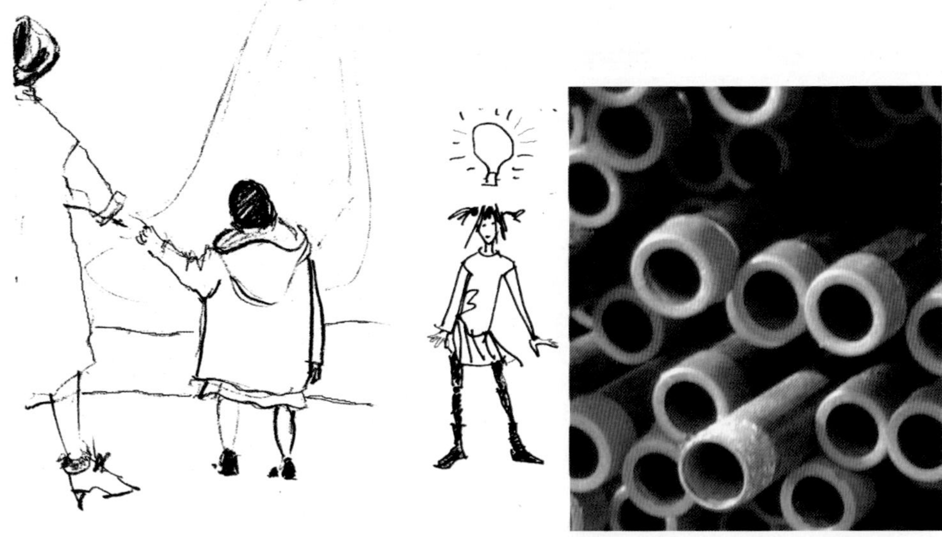

建筑：打开视野来获取更多的设计灵感，如家居设计、室内设计、平面设计。

雷尔·巴瑞克劳(Neil Barraclough)的手绘作品

博物馆和展览：在过去的30年间各式各样的展览影响到了服装设计，这些展览内容丰富，涉及美洲土著、墨西哥、埃及以及法国现代艺术等内容。

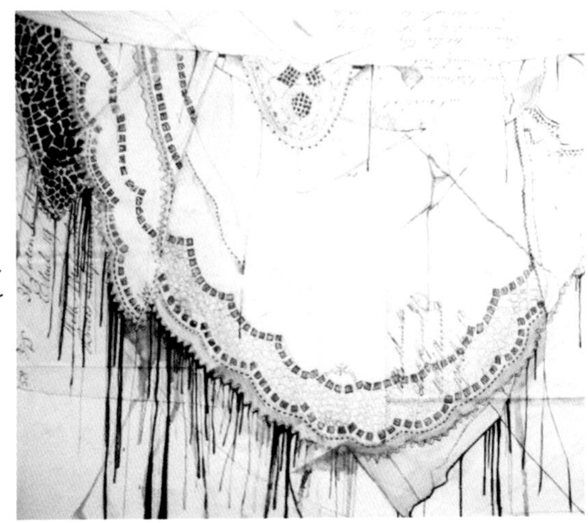

书籍和杂志：书籍和杂志是获取时尚信息以及摄影风格等最为直接的方式。一般情况下杂志有三个月的出版工作期。时尚报纸是获取最新流行资讯、服装秀场以及时尚评论的重要来源。一些贸易类的杂志提供了纺织技术行业的最新信息。

历史文化的影响：
基尼·哈维(Jenny Harvey)的设计手稿

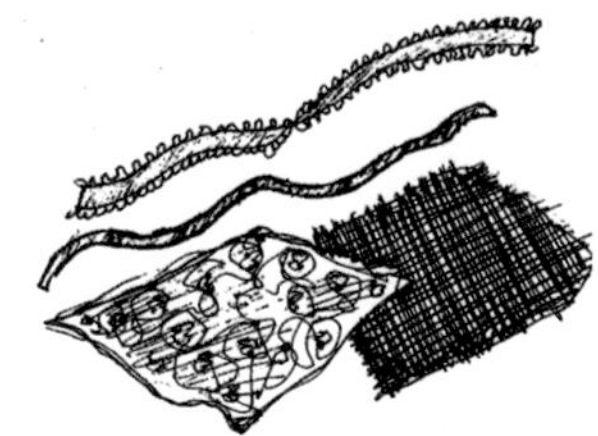

艺术：新晋艺术思潮的发展质疑着我们对一些事物所能接受的底线。艺术家们对当代艺术的价值体现不断做出判断与评论。艺术因其特有的冲击力、审美感、幽默度、创新性、概念感以及挑战性而不断被当作创作的源泉。

平面设计与摄影给服装设计和时装画提供了丰富的灵感来源。

街头时尚
旅行：全球时尚风格以及多元的文化一直以来都是获取灵感的源泉。如曼哈顿地区街头纸张拼贴画艺术、维也纳街头艺术等。
自然的形式：
基尼·哈维的绘画
家居&室内设计

Direction 流行趋势

情报收集

如前所述，设计的灵感源于很多方面。商业性较强的设计源于对当下市场发展情况的了解与思考。服装设计需要不断地拓展，针对季节流行性较强的服装，其生产与销售都必须要有前瞻性，因此设计师理智协调时尚市场中多变的信息尤为重要。

建筑的细节——维也纳洪德特瓦瑟装饰艺术建筑

潮流趋势

时尚潮流的发展不断受经济、社会、政治文化等变革的影响，这些也给予设计师重要的指导。趋势预测中所触及的素材同样具有指导意义，特别是在一些他们所不太熟知的方面。通常，设计师们为了培养和完善个人的设计理念，需要通过流行资讯等来加强自身积累。

街头风格

将擦身而过的一些非常时髦的装束用速写、拍照的方式记录下来，或是将某一特色的群体时尚（如亚文化时尚）当作设计的灵感来源，这些都会成为丰富设计思维的重要素材，同时也是展示个性化时尚的重要来源。当非常激进的前卫时尚逐渐被大多数人所接受时，这种体会尤其如此。

设计师

分析当下成衣设计以及高级时装的主流特征，了解最有影响的设计师以及他们在应季时尚设计拓展中的服装设计是掌握流行尺度的重要思路。相交汇的一些信息也许能够成为重要的灵感来源 ，如男士休闲正装。

零售

尽管很多服装款式系列的发布信息可以从网络中获取，但服装的手感、面料的肌理与质地等却是不可以的，因而经常光顾时尚之都或是亲临时装贸易展览会以及直接感受店面里的时装系列就显得非常重要了，特别是那些奢侈品牌的市场终端零售。

网络

从网络越来越便捷地获取信息已经是不断被认同和讨论的话题。似乎也被认为是在做调研时不可或缺的一种手段，也被认为是获取众多流行趋势时有百益而无一害的方法。

Observation 观察

为什么要用速写本呢？视觉形式的记录能够帮助我们解决设计中碰到的问题。设计师们可以在很多时候从不同方面进行这种视觉的记录，如旅行中观看电影或电视后，甚至在购物、阅读、走访画廊时的调研中等等。大量的速写与记录将形成一个获取设计思想的宝库——它可能是一本视觉日记，记录了地点、事件、想法、图形、织纹以及色彩等等。这种视觉记录式的绘画将会为之后的设计以及效果图的表现搭建桥梁。

有时，一些不够连贯以及模糊不清的设计构想只有运用了这种纸面上的绘图构思才能得以推进。当把这些手稿、草图、绘画注释以及一些随心所欲的画稿放在一起的时候，有可能产生一种新的设计构想，或者采取一种全新的方式来进行绘画的过程。

为此，速写本的使用是最基本的要求。

出现在纸面上的这些可能产生新联想或新构想的视觉信息将使设计过程中那些无序的思维片段得以呈现。

视觉信息在被记录时如同口头信息一样很随意，但却是以图形、图画的方式进行记录的。具有推断性的绘图或速写草稿等有利于视觉信息的使用交流。以店面报告为例，准确性是至关重要的，绘图只是辅助性的记录。

写生速写是了解人类体格构造的重要手段。经常使用速写本进行训练可以提高你对时尚设计的意识。速写可以帮你了解内在的构造以及一些事物的可能性——如用肉眼一时难以捕捉的内容。

pink
foil
Dior
Bon March

Trends 时尚潮流

时装设计不是孤立存在的，它需要贯通于当下流行时尚设计的法则与规律之中。

无论时尚是由“水滴原理”缔造的——如设计师们和一些时尚品牌的设计是自上而下地驾驭时尚的流行；还是来自于街头或消费者这种自下而上地被呈现于T台的时尚，时尚都和整个时代的设计潮流趋势联系在一起，并反映了整个社会的文化风貌。

时尚行业的分工很明确，有高级定制——如采用奢华材质与精工细作的高级时装，还有一些系列成衣——如设计师品牌成衣或一般的成衣系列，以及针对大众市场的服装系列等。

一些界限，例如艺术与时尚之间的界限，以及相对应的个人风格与总体时尚风格之间的界限是不太好划清的。

时尚潮流的循环与变化如同波浪般此起彼伏；服装元素如廓型、颜色、款式等的循环也在同时进行，只是外轮廓造型的循环比起色彩与款式长度等的循环要慢很多。无论是时尚、一时的流行或是潮流趋势都需经历产生、发展和结束的过程。走在时间靠前阶段的为前卫时尚，有了一定人群的跟进与拥护并持续了一段时间后，这种时尚会变得过时而被淘汰。这种时尚语言逐渐被忘却直到它们被重新发现，并成为时尚缔造者们的兴趣点注入到循环中成为新一轮时尚的灵感来源，重新展示了一种复古的外观或作为怀旧的风格来穿着。

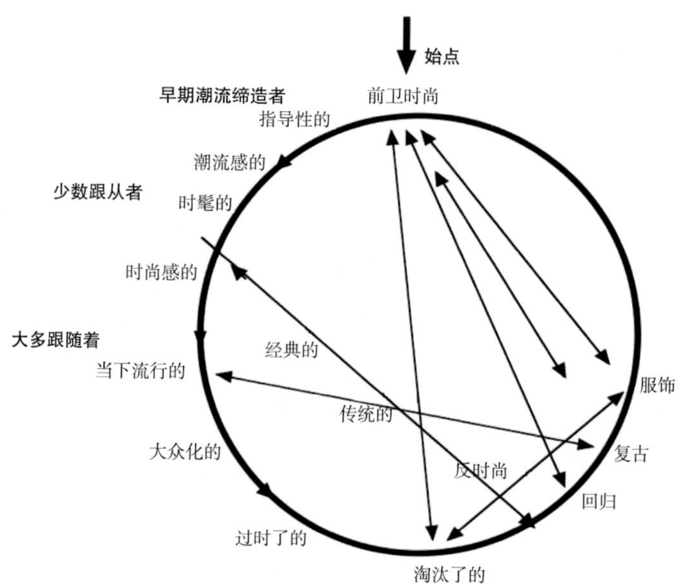

此图表描述了这样一些关键点，如早期潮流缔造者们如何从“反时尚”的区域里寻找对抗时尚的灵感来源。同时，该图还将“反时尚”、传统时尚以及经典时尚所处的区域做了对比。

Sub-Cultures-Street 亚文化——街头时尚

亚文化的着装理念与穿衣规则以及与那些主流文化的差异一直以来给服装设计提供了肥沃的土壤。风格是认可亚文化的核心标识，服饰与服装是亚文化时尚宣扬其与众不同的时尚精神并体现其多元特征的重要标志。

具有亚文化之称的如披头士、光头仔、摇滚族、大杂烩式时尚、怒吼族以及网络黑客一族等为设计师们提供了丰富的素材，同时他们也被命名为“自下而上”的时尚演绎者，是影响主流趋势的重要因素。这些不断变换着的风格影响我们的着装行为，同时其个性化的时尚元素被媒体曝光并由此而普及与流行，他们那种自由自在并强调个人主张的穿着形式不断制造出多元的着装风格。

随着消费者不断地成熟并能够很好地理解亚文化风格所传递的时尚内容，亚文化时尚将得到进一步普及与推广。街头时尚通常描述的是一些穿着大胆而具有创新品质的着装，这些衣服可能来自于古董店、二手货市场或是繁华的时尚商业街区。在过去的二十多年期间，新生代时尚媒体对个性化时尚风格尤为青睐。这种不分阶层且高度自由、强调个性主张的穿衣方式与第二次世界大战结束后所提倡的穿着规范与统一是大相径庭的。

关于“自下而上”传播方式较早时期的一个典型案例来自于1962年伊夫·圣·洛朗为迪奥所创作的一个系列之中，其灵感来自于那个时期崭露头角的巴黎左岸的反传统一代的摇滚青年。

如今设计师们从亚文化街头时尚、历史服装、跨界文化、实用主义者、空想主义风格等元素中汲取可用之材进行混合使用，不断迎合并促成了当今的一种折中主义的时尚。这种很特别的格调不断地拓展成为独具魅力的且高高在上的时尚风格。

设计师们一直在挖掘兼具创新与影响力的街头时尚和亚文化时尚，以至于更好地理解在这些与众不同的着装系列中所体现的讽刺寓意与返璞归真，同时也能方便了解其是如何制约与影响主流时尚和另类时尚流行的。

本杰明·慕思罗(Benjamin Munslow)的插画作品

Fashion & Art 时尚与艺术

什么时候时尚成为了艺术，而什么时候艺术变为时尚？纵观20世纪，一直以来都有着关于这两个词之间其相似性的探讨，它们在促进了视觉文化发展的同时也为时尚的感染性与创造性做出了贡献。了解这一过程的重要意义可以使我们更好地体会当代时装设计的多元性、复杂性以及和艺术的共生关系。

艺术、服装与面料之间的关系源远流长。它们之间有着非常广泛的影响；例如早在19世纪80年代，美洲原始土著印第安人在他们的棉质服装上涂满了具有视幻效果的艺术图案。20世纪，时装与艺术得到了前所未有的发展，一些艺术家借助于服装来表达或寓意人们的生活状态与精神思想。这种跨界交融的传承在1996年佛罗伦萨“双年展”上达到了高潮，艺术家与服装设计师通力合作共同探索时尚与艺术的关系。这一次有影响力的展览给新生代的设计师与艺术家提供了一个思辨的平台以及无穷的创作源泉，他们在不断改良自己的设计路线，一些服装设计师也为视觉文化传达的发展提供了重要线索。

19世纪末，著名的时装设计师沃斯和波莱就已经和艺术家有了很好的合作，而当时的工艺美术运动为这种着装的激进变化也铺平了道路，并预示着一种实用的风格将取代繁复而奢华的高级女装风格。在这种氛围下不断延伸出具有当代风格的时装，同时也为当代艺术在革新的浪潮中发挥作用提供了机会。

早期一个典型的例子如画家及发明家马里安诺·佛图尼(Mariano Fortuny)尝试了一种极为另类的服饰风格，这是一种在人体与衣料之间的探索，体现出了极简主义艺术风格的雏形，他极富标志性的衣褶线条受到古希腊雕塑的影响。

20世纪早期，艺术家布拉克(Braque)和毕加索(Picasso)就在他们的拼贴画创作中使用了布料，之后其他的艺术家如德肯汉姆(Duchamp)、曼·雷(Man Ray)、克里特·斯威特(Kirt Schwitters)等都如出一辙地使用了这种方法。20世纪20年代，艺术家索尼娅·德劳尼(Sonia Delaunay)传递了一种服装的空间解构造型的激进设计理念，她从立体派绘画中得到启发并将其作为重点用于服装的抽象结构之中，同时运用了拼缝合物的技巧加以完善，使这件衣服成为了艺术品。

对达达主义的初步探索并融合了超现实主义设计的时装设计师伊莎·夏帕瑞丽(Elsa Schiaparelli)用艺术的手法创作面料和饰品。她创造性地试验了一些材料如玻璃纸、塑料、玻璃并设计出俏丽而精致的带锁扣的腰带、外露装饰拉链以及音乐手袋皮夹等。她标志性的颜色“艳粉”即取材于艺术家克里斯汀·伯纳德(Christian Berard)的作品。

高级时装设计师查尔斯·詹姆斯(Charles James)活跃于20世纪的30~50年代，也堪称一位跨界大师。他运用了数学原理以及丝绸材料的工艺特性将服装的结构造型打造成具有雕塑般美感的设计，同时还将一些新型材料如人造丝等运用到设计之中。他把自己的设计看作是艺术家的作品，并由那些可置换的、精心构造的部分组合而成。

20世纪60~70年代，与青年文化思潮并进的还有艺术领域里具有尝试性与挑战性的活动在如火如荼地进行着。服装设计师帕克·拉巴纳(Paco Rabanne)运用新材料如纸张、塑料以及金属在服装上大胆尝试，他的首个系列被命名为“十二件不可穿着的服装”。

20世纪80年代早期，来自于日本的设计师如三本宽斋、山本耀司、川久保玲等针对人们习以为常的服装与身体之间的认同发起了挑战，向西方世界掀起了一场时尚风暴。这些设计师们来自于艺术与手工艺之间没有明显区分的国度。

川久保玲将服装作为总体环境中的一部分来设计，这种环境指的是由消费者的生活方式以及对应的购买市场所延伸出的一种时尚氛围，因此川久保玲精心打造的是一种时尚装置氛围，而不仅仅是零售终端。一些名为“可穿着的艺术”和“概念服装”等新锐艺术活动将服装作为一种塑型的手段进行演绎，并大量使用装置艺术语言。

20世纪80年代中期，解构主义的代表将时尚艺术又更推进了一步。来自于比利时的设计师马丁·马吉里拉(Martin Margiela)和安妮·德姆莱斯特(Anne Demeulmeister)的服装设计作品里有了革新性的设计表现。马丁·马吉里拉运用了俄罗斯形式主义艺术家的“一语道破”理念，即不加过多修饰的方法来尝试服装构建的过程。将白坯布在层层构造之时产生的造型，于服装最终的表现效果里展露无疑。

由于概念性的设计作品以及相关形式逐渐取代了传统形式，例如绘画艺术与雕塑艺术的改良，因此这样的趋势造就了服装上的进一步拓展。高级时装设计师们也在行使着自己艺术家般的权力来做类似的事情。设计师三宅一生就是这样的一个例子，他的设计不依赖于流行趋势，在东西方文化交融的平台上，用自己创建的新型面料和对人类着装的理解开拓出独有的线性以及几何造型设计。

一直以来艺术家们很感兴趣的传统针线手工艺刺绣、绗缝补绣拼贴等，通过一定手法的结合被用于创作之中，寓意着人类丰厚的精神财富。一个显著的例子就是麦琪·伯特(Maggie S Potter)在1978年时发布的“商标夹克”服装设计，这件服装完全由旧衣服的商标拼合绗缝而成。艺术家翠西·爱敏(Tracy Emin)的创作主题是借用传统的手工艺技巧来描述其对生活细致入微的理解。一些设计师如维维安·韦斯特伍德(Vivienne Westwood)和布鲁·撒菲儿·金(Blue Sapphire Gin)用自己的形象为该品牌做广告，她们横跨艺术、时尚、商业市场等领域并进一步影响了我们的视觉文化。

转换这一概念对于服装而言意味着其形态能够由一系列可转化的形式内容等来组成，这也一直是被持续讨论的话题。

艺术家露西·奥尔塔(Lucy Orta)在针对帐篷与服装或其他生存必备物品之间进行探索时所产生的理解，在形态上极大地影响了时装设计师胡赛因·卡拉扬(Hussein Chalayan)后来在诸如家具、服装以及建筑上跨学科的实验性设计研究。

当代艺术与时尚有很多密切的联系以至于很难将它们分开。广告中的艺术表现以及服装中汲取艺术成分的设计都不断打造出越来越成熟的时尚消费者，这些推动时尚的消费者的购买力有时也直接作用于整个设计推进过程。

“现代艺术的新景象是魅力与时尚并存，这非常吻合时代的精神。”—— 马修·柯林斯(Mathew Collings)《当代艺术》

Fashion Forecasting 时尚流行预测

流行咨询预测机构和期刊

时尚流行预测的相关内容能够给设计过程提供丰富的信息指导。这些资料可以从咨询机构编辑出版的限量版刊物以及一般时尚杂志期刊物中获得。

起初，时尚流行资讯等信息资料的出现有利于设计师以及制造商生产出更多的时尚产品，而导致消费市场被雷同化了。这也产生了一些因盲目跟风而设计的服装，这些服装抄袭了设计师品牌的原创作品，而以较便宜的价格在市场上鱼目混珠，以至于很多本来具有原汁原味的设计不再有魅力。如今，处于多元化时代生活下的消费者对于服装的期待较高。这让设计师们不仅感到困惑，同时也发现了一种契机，以至于需要充分地了解目标消费者。

然而，这并不意味着时尚流行信息资料有些多余；相反它有着非常重要的指导作用，例如所提供的资讯中包括了针对消费者本人以及他们习以为常的生活方式的指导信息，设计师作品发布时装秀场内容，街头风貌以及零售报告等多方面最新的、不断跟进的时尚流行资讯等内容。一般情况下，设计师可以从网上或纸质印刷品等流行期刊或出版物中找到相关信息。究竟流行预测咨询出版物和流行预测期刊有何区别呢？

流行预测咨询出版物

Promostyl、《流行趋势联合会》、《卡琳》(*Carlin*)、《世界各地流行趋势》(*Here&There*)等这些都是流行预测咨询出版物的典型刊物，它们按照比较有规律的出版时间，如按月或者其他周期向消费者提供一定的流行资讯。这些资料在提供给他们的客户（包括设计师、零售商、制造商）时往往采取的是年度订阅方式，资料中包括了客户们非常希望了解的一些资讯。同时，客户会被邀请出席新一季设计师的时装秀以及流行趋势发布会等。由于资料是针对个人或特殊客户单独定制的，因此价格也不菲。资料以及资讯中附有很多手绘图片，一年按月出版共计12期的刊物大概需要5000英镑的投入，当然其中涵盖了一些特别的服务，如对流行资料的陈述和信息咨询等。

流行预测期刊

代表性的有《纺织观察》(*Textile View*)、《视点》(*Viewpoint*)、《视觉2》(*View 2*)、《全球着装》(*Wear Global Clothing*)、《流行系列精品》(*Trend Collezioni*)等一些期刊，它们在价格上相对比较便宜，例如《纺织观察》按季度发行，一年四期共计95英镑，和流行预测咨询出版物相比而言这类期刊的发行量较大，因此很少有手绘图片。它们一般提供季节性的资讯概览以及对设计师的系列发布做重点点评，同时还提供和市场有关的一些信息资料。

本跨页流行预测资讯由“流行圣典”提供

预测发布时间

考虑何时着手进行流行预测的咨询是非常必要的，同时也是非常复杂的，原因之一是咨询人员需要将多个季节的信息汇总并处理，这也需要花费一些时间。例如，流行预测咨询工作大概在18个月或2年前就开始了。同时还需要提供最新纺织品面料展会中有关面料的信息，从而使服装产品系列能够在6个月之前呈现在零售商的面前，以此保证所下达的订单产品有充足的时间进行加工和生产。

不断翻新的时尚产品系列打破了传统中按照一年几个季度来供货的时间界限。一些试销的样衣也被放在了零售终端以及店面里，可以让顾客们感受到与众不同的设计，同时也给该受众顾客群提供了一定的时尚引导。

流行色

色彩是应季服装设计中首要考虑的元素，针对秋/冬和春/夏季节的不同，产品的颜色需要酌情考虑。一些产品根据上市季节的要求，染色工作要提前到18个月进行（有些客户可能要求提前2年完成）。

纤维制造和面料开发的织造厂商们要求提前获得有关颜色的资讯，这样由他们所提供的纺织品材料才能给设计师和生产厂家足够的空间和时间，以完成之后的产品拓展工作。在做流行色方案陈述时，色彩咨询人员提供的色系往往是一个由多色组合搭配的色系或者是一些可变的色系组成的，这样方便让客户们开发出自己的色彩搭配。色彩预测的费用一般包含在整个流行预测的费用中，如果一些客户只需要颜色方面的信息服务也可以单独购买。

本跨页流行预测资讯由“流行圣典”提供

新一季时尚概念设定

流行主题和全貌展示服装造型的男装、女装或童装以及搭配装饰的效果图需要在此呈现。同时一并附上的还有织物的织造技巧以及一些图纹或针织肌理等，这些内容来自于专业设计师或是自由职业者等。

商业面料小样也需要一并发布，这些面料样品可能来自于法国第一视觉面料博览会、法国国际面料展或是意大利佛罗伦萨服装展。这些有指导意义的料样与前面提及的流行主题要关联在一起参考。

设计师作品系列可以由米兰、巴黎、纽约、伦敦、马德里和东京时装发布会中的资讯编辑整合而得。由于信息丰富，经常一些设计可能会跨越先前提及的流行主题。此外，从伦敦设计院校毕业生的作品发布会中也可以获取一定的资讯。

零售报告来自于世界各地，将它们用视表的方式来图解零售商店里的“流行”服装。这些图解的指示图能够让我们掌握发生在不同地区的销售情况以及在那些时尚市场里到底受欢迎的服装式样是什么。在这一版块中所包括的信息应该有：零售资源店面情况、设计师、价格、面料特征、色彩系列以及一些特别卖点，例如对某一服装款式的细节描述。

指导样衣可以从世界各地购买并发至主要的店面。在发布时需要对这些样衣进行深入的分析和详尽的描绘。流行预测机构将持有这些样衣，因此他们的客户更多关注的是样衣的面料处理、比例关系、细节设计、色彩特征以及制作技巧等。

时装展示图片为诺森比亚大学时装艺术设计本科生作品

流行预测公司还提供以下附加服务：

- 零售指南：提供时尚大都会最新或正在发生的市场销售信息。
- 绘图技术：将设计师发布的时装作品用绘图的方式表现出来。
- 基础设计：对预测到的趋势主题进行基本的设计。
- CD制作或者关键内容指导：针对时装发布会上的信息做专业指导。
- 时尚摄影街拍。

所提交的流行预测费用里还包括以下一些服务：

- 提供最新欧美面料以及装饰手法等纺织品材料信息。
- 为客户提供限量的产品系列开发及咨询。针对新一季产品开发的视听预测陈述。
- 可以提供其他专项服务的领域：运动衫/T恤、休闲服装、牛仔服装、婴儿服装、孩童时装、青少年服装、运动类服装、滑雪服、沙滩装、鞋类、配饰、袜子。

流行预测过程

一般情况下，流行预测所发布的时间是一定的（可能为12个月，这取决于咨询的规模、涉及的范畴以及专业程度等）。在做主题开发时，需要将核心团队组织在一起召开一系列会议，从而得出下一季的主题以及涉猎的内容。

色彩也需要确定下来。根据设计主题，色彩被分成了几组。

主题拓展

流行资讯预测时包括了一系列的主题。这样多元主题的设置能够启发和指导设计师们完善不同时尚市场的服装产品设计。主题的命名希望能够唤起人们的情绪与感受并反映涉猎题材的内容。每一个主题可以用于一个或多个市场，当然还需要设计师给予一定的阐释。

不同档次的市场取决于产品的投入与成本的多少。如今这些市场可能是专卖店、时装屋(fashion aware)、好去处(better end)、下午休闲屋(pm dressing)。这些不同的市场反映出不同的生活方式。同时可以用来解释消费者的购买情况：低档市场—便宜售卖店；中低档市场—高街时装店、连锁店；中档市场—品牌店或百货店；中高档市场—设计师品牌推广店；高档市场—设计师专卖店。

设计室的幕墙上覆盖了由时尚杂志、服装秀场、贸易展览会上获取的各色信息。产品面料的选择一定要在考虑特殊需求后平衡挑选，如针对外套和一些不贴体服装的面料选择。购买样品面料的长度最好吻合流行资讯发布的书籍或手册中料样的大小。

设计的内容最好是将特定的市场和人群生活方式作为参数来展开描绘，同时也能够直击主题。一些针对服装服饰特有结构的时尚绘制技巧也需要配合使用。针织服装的样衣和一些特定的纺织品材料可委托完成。主题概念板中充斥着视觉图片、面料表现以及装饰手法等一些能全方位描绘主题的内容。

在整个主题拓展和流行预测的工作中，各个地区的代理机构都应确保新老客户的信息安全。

在印刷之前，主副刊物的内容需要通过严谨的审读和检阅。

按照字面上的理解，流行预测的主题经常有着本质上的差别：如有关水手们的内容可能包括海军条纹衫或是水手帽；实用性的服装经常会被描述为附有多个口袋的粗布工作服。被称为优雅而精工细作风格的服饰里少不了法兰西式贝雷帽。重要的是这些视觉密码需要清晰可辨，同时针对不同的受众都不会产生异议。

时装效果图对新晋主题在概念以及设计理念的演绎可谓至关重要，例如人物姿态的表现多少能够指明目标消费受众们的特点。同样，效果图的整体风貌非常有助于表达设计主题：例如图中人物的配饰不仅紧扣主题同时还很好地传递了某一类型客户的穿着“风貌”。重要的是整体比例严谨可信，所传达的信息清晰明了。

如今主题的表达不仅仅停留在字面上，更多的是希望通过这种折中主义的文字描述刻画出鲜活的设计概念。人们的生活方式也越来越成为重要的话题；时常这些主题会被置于不断唤起共鸣的位置上，这样有助于创作出准确的设计理念。

互联网为在线寻找流行资讯提供了完美而便捷的条件。一些公司通过这种方式已经获益不浅，例如世界知名时尚网站WGSN(Worth Global Style Network)就为时尚企业提供这种服务，它是一个封闭的站点（需要提供客户密码），通过订购进入网站而获取想要的信息；类似的还有Mudpie Design Ltd., Trendshop, Stylesight, Fashion Snoops以及Stylelens等。这些智能机构所提供的资讯内容与传统的流行预测刊物非常接近，并且还包括消费者生活态

度预测报告，它包括购买行为图表分析、季节性采纳与淘汰时尚内容、平面设计以及包装设计资料库、视听资讯，还有一些被允许发布的内容报告如：时尚品牌、电影、体育赛事、高科技、新产品服装发布以及面料技术等等。

传统的咨询公司也会在网上呈现一些流行预测资料，但往往其目的是为了销售该公司的流行预测印刷刊物。网络资讯依然需要购买登录进行使用。以下的这些机构或公司在线提供流行资讯服务：Peclers, Promstyl, Li Edelkoort & Trend Union, Nelly Rodi, Milou Ket Styling & Design, Color Portfolio Inc以及Jenkins Reports UK。

本跨页流行预测资讯由“时尚圣典”提供

Design Process 设计过程

本书的此部分力图讲述在设计过程中如何作决策；由于每个人的想法和处理手段都不尽相同，因此这样的过程也非常复杂。在过去的三十年间，设计研究这一领域出现了一些被公认的学术理论以及新兴学派；在此我们所讨论的设计过程相对而言在理论上被简化了一些，但在设计教育方面和对应的较为广泛的商业实践领域里，保留了这些原理的真谛。

以下所陈述的元素都将被一一进行讨论：调研、设计、拓展、色彩、织物肌理、轮廓造型、比例关系、结构、样衣、装饰手法和一些专业领域的问题。

对于一名专业设计师而言，来自于商业前沿和市场反馈等具有约束力的信息都应该被考虑到设计中去。“品牌”制造的服装要求成本合理、便于生产，同时能够吸引大众并产生高销量。然而，如今很多消费者希望买到专属于他们的时尚产品，所以一些服装公司着手开发了限量服装系列。由此而言，设计师在应季的服装产品设计中需要产出更多的系列作品。

零售商们钟爱那些吸引眼球同时顾客拿起衣架时就有“跃跃欲试”的服装款式，这些款式不仅非常方便于穿戴，同时也要很好地展示该产品目标受众们的身材风貌。

对于消费者而言，对服装的要求是多方面的。他们希望服装不仅能很好地展现当下的时尚风貌，同时作为一种无声的语言，服装能够体现其身份与地位、性别特征以及彰显其消费观等，而对于服装的实用性、合体性、物超所值性、便于打理性这些要求都应该是尽在其中的。一名成功的设计师应对于以上所提及的各方面需要做到运筹帷幄。

当思索设计提要时，有关市场行情和价格定位等内容对于展开整个设计拓展过程是至关重要的。当然这件衣服看起来得顺眼——是否赏心悦目？用料是否合理？能否适合于最终目的？是否吻合市场定位？有否按照一定的成本支配进行生产？

以上诸方面对于从事时装产品设计开发的设计师来说是必须考虑的内容，然而对于原创设计师而言，不断获取设计灵感、开拓设计理念并运用一定的设计法则与原理将这些素材演绎成个性化的服装设计元素，从而获得令人愉悦的设计方案当然是更为重要的。

当运用一定的手法对设计提要进行演绎时，你不一定得约定俗成地考虑如何落实这些设计元素，它们都是促成设计决策形成过程中不可或缺的一部分，同时使得你的设计素材不断地被扩展。你所投入的实操越多，在设计中感知的乐趣当然也会越多。

需要考虑的内容主要有以下方面：

分析设计过程

设计提要
调研
设计拓展
样衣
解决方案

设计提要

设计提要源于设计形式所需并提出解决该设计问题的参考因素。一个好的设计提要需明确制定设计的目标、宗旨以及界定的范畴。

调研

从较为宽泛的素材中形成系列设计。

不断从灵感来源、设计主题、色彩应用以及面料选择中进行设计的延伸。

针对设计理念敢于尝试创造性的实验。

对激发设计的灵感来源做充分的调研。

针对服装市场和流行趋势的分析与判断。

观察/绘制

设计拓展

通过针对服装的外轮廓造型、形式感比例关系、面料肌理、图案和色彩等各个方面做试验以及比较进行设计拓展。同时落实样衣的细节处理、缝线设计、装饰效果等。

审美设计需要在此着重考虑。

从二维的平面结构板型处理，到对服装功效性的考虑等各方面来完善设计拓展。面料上还需了解织物的手感、悬垂性、结构和衬料等。

样衣

通过三维立体关系将服装设计实物化，需要考虑服装的结构、轮廓造型、比例构造、裁剪方案、悬垂效果、缝合工艺、功效性能以及服装活动的拉伸性和舒适性等。

解决方案

将服装中的设计效果、手工艺特点、品质以及服装的后处理等付诸实践。

很好地将第一、第二阶段的样品进行完善。

针对服装批量生产时制造及成本的考虑。

评估、商品销售、促销以及服装品类管理。

在设计过程的不同阶段中，需要设计师具备诸如绘图、图形制作等基本技巧，才能有效地完成每一阶段所要求的工作。

Development 设计拓展

为了更好地运用本章所描述的基本原则，以下的这种思维训练是非常重要的。即如何将设想先纸面化然后进行充分地延伸与拓展直到形成设计理念。这种纸面上的绘画在设计的过程中不仅将你的理念记录在案，同时在不断的尝试中还会延伸出新的设计想法来。

在整理好你的调研资料（包括面料小样以及样品等）之后，你就可以勾勒大致的形象了。所绘制的模特姿态对设计效果的影响可见一斑。如果绘图中模特的形象比较出格，可能会导致比例上的错误。如果绘制的形象过于生活化，那么设计中锋芒毕露其独到性格的表现也会有所缺失，绘图中“个性化”的设计描绘有助于打造服装在板型裁剪设计中的特点。

请保持设计理念的鲜活与生动！

一种常见的工作方式：

请运用专业设计图板垫或类似的半透明图纸，将设计构想中的形象具体化，并不断修正服装的结构比例及轮廓造型关系。这样的工作方式能够培养你每次在设计绘图时把设计注意力集中到设计理念的拓展上。

为了展示最佳的设计理念，你既要有批判性来保持判断力，同时还要乐观自信，不仅要对当下时尚流行趋势清楚明了，还要能够体现出个人原创以及独到的设计理解。好的设计理念需要时间酝酿，或者说形成特有的思维模式是需要花时间的。例如，一个新的着装式样通过设计师的发布会或者直接现身于街头出现在人们面前时，常常具有挑逗人们眼球的可能，以至于我们的判断也许是赏心悦目的，也许是“不对劲儿”的。

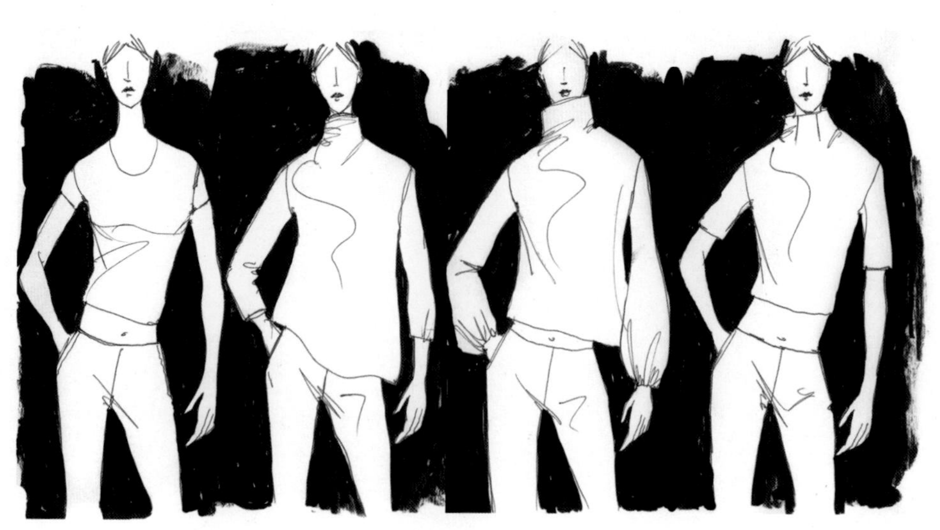

请从着装的正面、背面和侧面思考服装的轮廓造型。

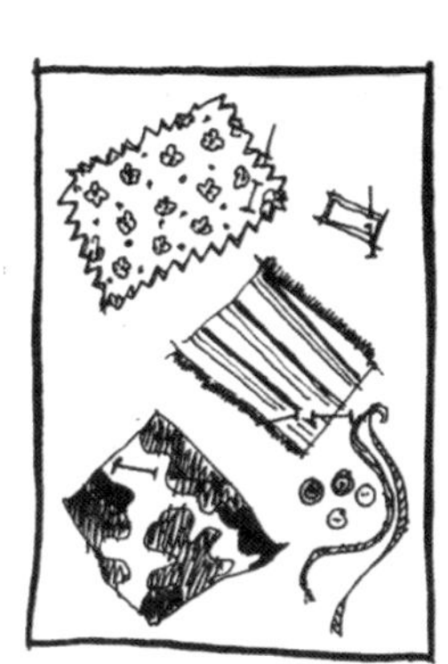

如果你对设计的初步结果还比较满意，那么就请你将服装的廓型以及各个部位的形状特征依照一定的比例、配合适当的造型风格以及恰到好处的线条来表现服装设计中的结构特点，从而完善设计过程。

经过一系列的尝试，最后在你对设计结果有所把握的时候，可以在服装的表面增加一些装饰细节或处理。在每一设计阶段里，服装用料、装饰效果以及色彩搭配等都是需要被考虑的内容。

这只是诸多设计方法中的一种工作手法，对服装的廓型、比例、尺度变化等设计进行概括性的运用。

在这个例子中，最初的设计要点是将所提供的面料运用到衬衫的设计中。设计拓展始于基本的衬衫式样如长度、用量等一些传统的构成要素。衬衫的基本结构具备适合的线条与缝迹，能够增加案例中诸如色彩、印花、变量和肌理等设计效果。细节的变化则可以从面料的尝试性取样中获得。

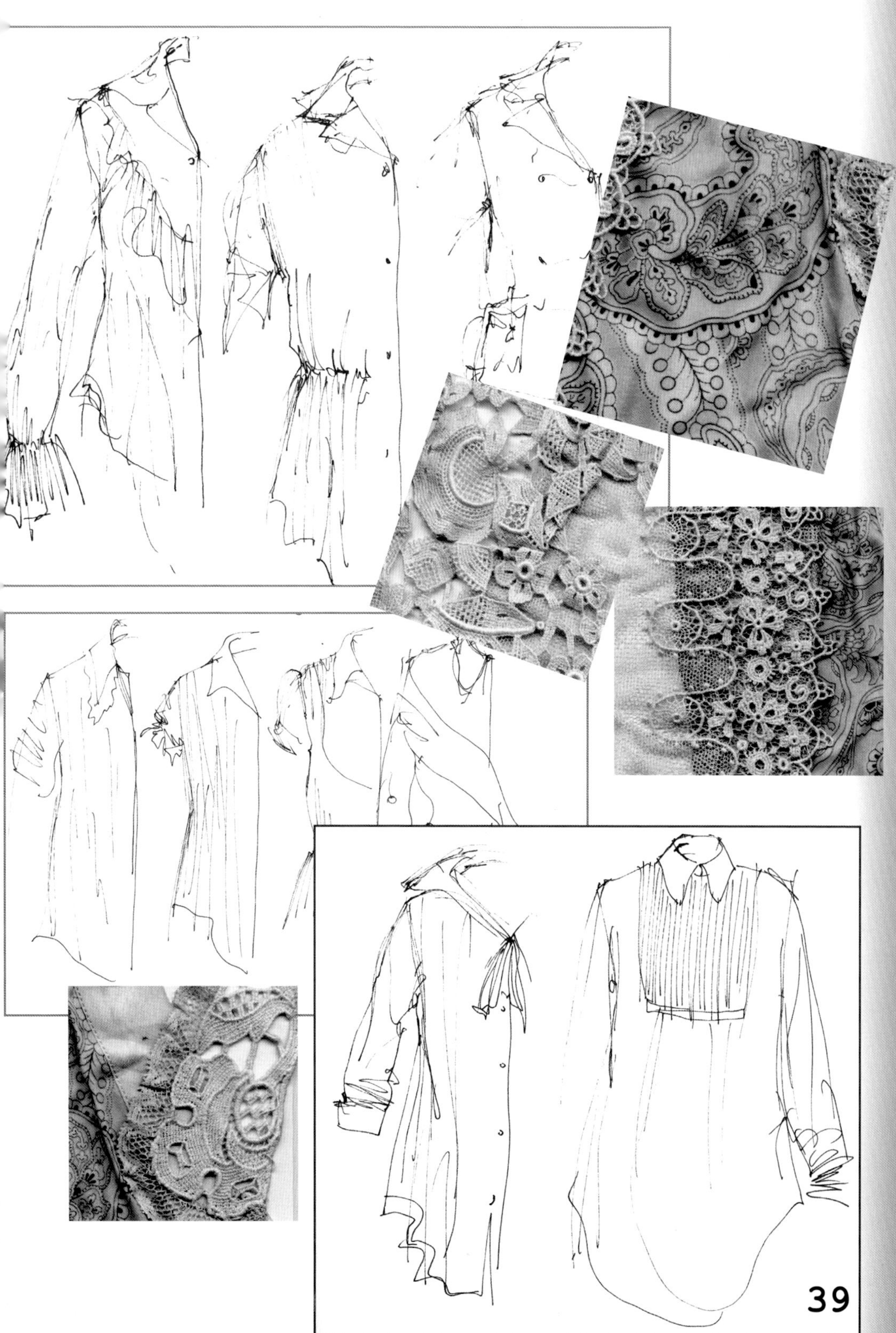

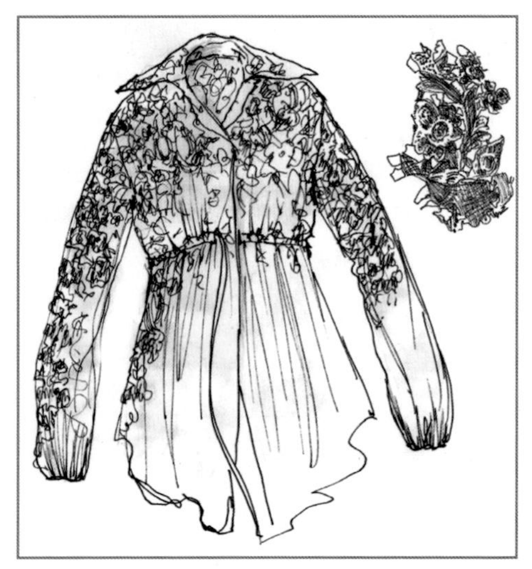

服装中色彩和面料两个元素时常会在设计的各个阶段被考虑到，与线迹和细节等一般元素相比较，这两个元素对设计的影响显然更重要。在绘图阶段，无法将一些设计构想描绘得很详细，因而在绘图时，如何对服装做后期处理等内容可以被忽略。必要时可做相应思考。

样品的制作如果合乎你的设计构想，将会很好地指导整个设计工作。一些内容可以在工作单上被标记或记录下来，从而可以更准确地描述你希望达到的设计效果。

这个阶段是通过在速写本或草稿本上用手绘画图的方式对设想进行描绘的设计过程。在商业领域如服装公司里，这一过程通常运用电脑绘图软件来完成（参见132页应用电脑进行设计）。

为了实现你的设想，你需要具备积极的态度和持之以恒的精神，同时能够面对设计中随时出现的困难和挑战。对于那些富于才华和创造力的设计师而言，经常出现不确定性和自我批判性的现象是很常见的。不断地反思和积极评价你的进步是所有进程中的一部分。

接下来的这一部分将介绍色彩的应用。

设计拓展工作单

由艾尔·史密斯（Ail Smith）提供

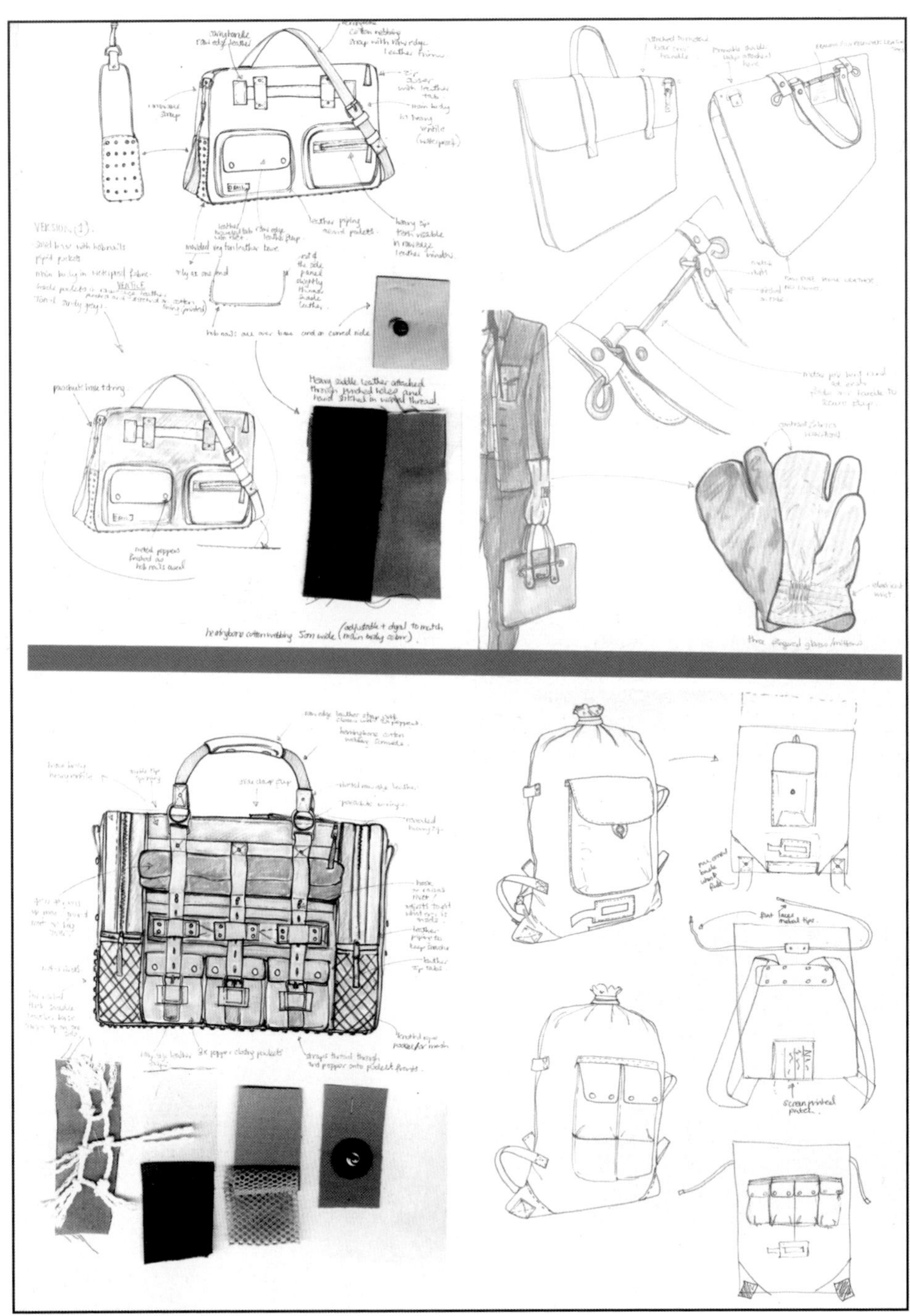

设计拓展工作单

由萨拉·格朗特(Sarah Grant)提供

Colour 色彩

色彩是设计过程中必须考虑的基本要素。在设计时色彩往往是被首先关注的元素，对服装成衣系列的成效颇具影响。色彩通常是整个设计过程的开始。

流行预测机构所提供的色彩方案来自于很多方面，例如国际时尚面料博览中所涉及的纱线技术、皮革供应源、装饰行情等都能给予新色系一定的灵感与补充，在已有色彩系列的基础上述说新一轮流行趋势演绎的色彩故事。

纺织工业不断开拓新技术，从而创造出具有革新性的机织、针织品以及在肌理、手感和悬垂性、后处理等方面别具一格的面料。作为重要的设计元素，色彩需要与面料的肌理组织一同考虑，在作为织物表面的效果之一传达设计感染力时，还需要与我们的经验融会贯通（参见第26页时尚流行预测）。

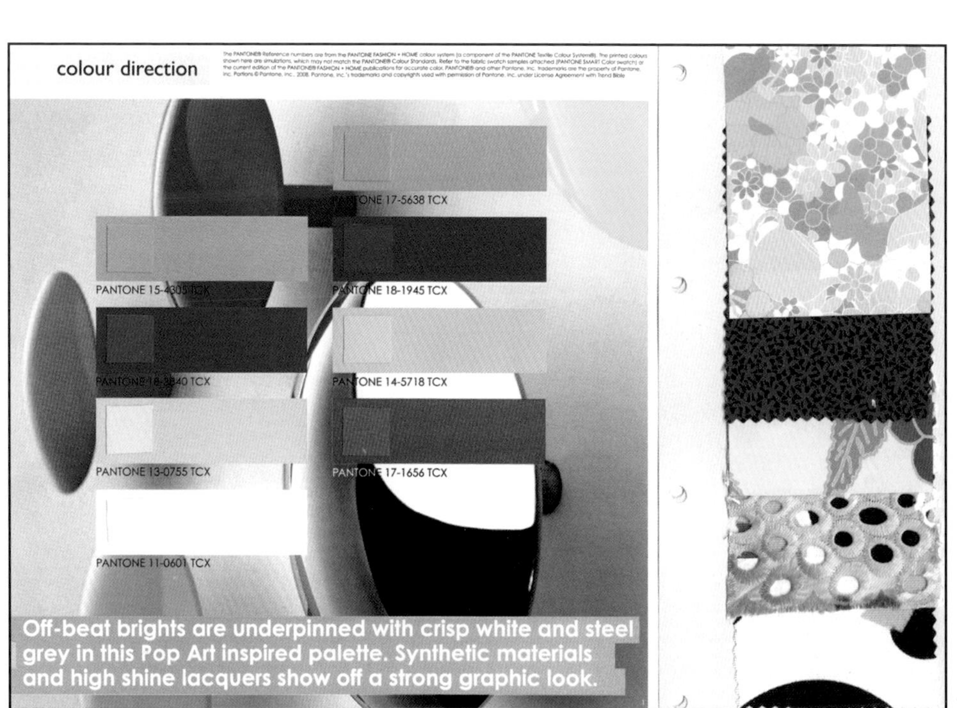

图片由时尚预测出版物"时尚圣典"提供

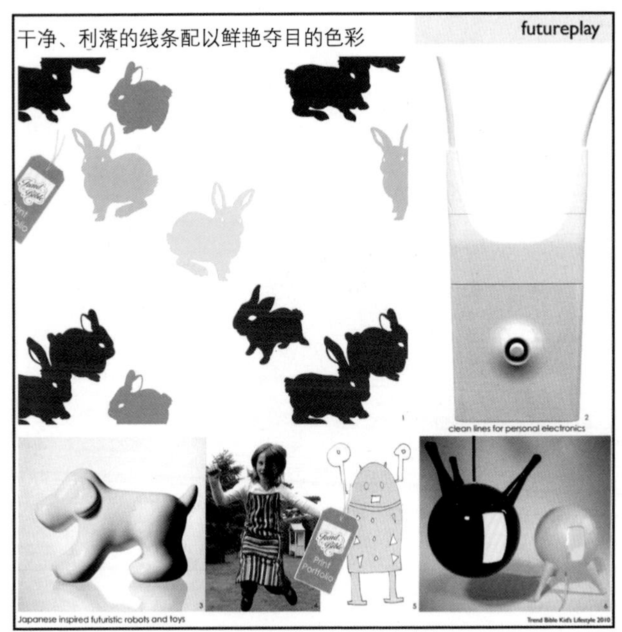

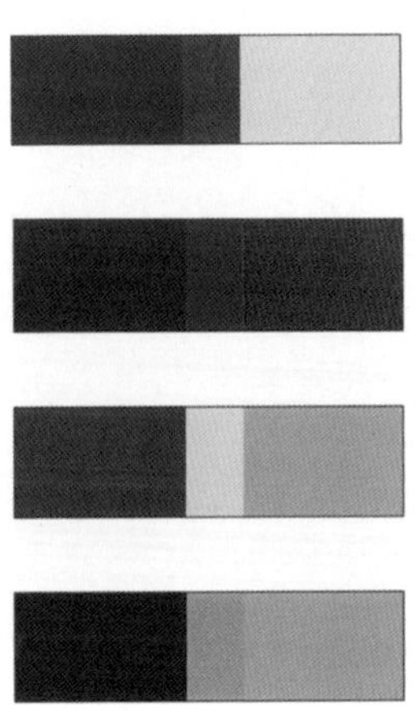

具有感召力的商贸杂志在对色彩的流行趋势进行梳理时，参考了当下最具影响力的一些关键因素，从而形成了对色彩在纺织品、时装、化妆品、室内设计、产品设计和平面包装设计等方面使用时具有指导意义的方案。它们对从事不同设计领域的专业人员进行采访，撰写文章探讨变化着的生活方式、设计表现和创作思路背后的深层原因，同时从商业色彩体系中进行推论，得出建设性的色彩方案。

潘东(Pantone)色彩体系是国际公认的色彩参考体系，该体系里有上千个被编成序号而排列的颜色块。对于服装产业面临的诸如电子显示屏和打印技术无法准确而充分地再现真实原色的这一困惑，潘东色系可谓解决了大问题。

颜色是物体所具备的一种特性，它来自于光波在其反射、传递或放射的过程中给眼睛造就的一种视觉感受，这种感觉取决于光波的波长。

这些看起来有些泛泛而谈的内容，可以通过色相环来解释颜色之间的关系。

在这个色相环上有12个分支颜色，红、黄、蓝三原色组成了一个等边三角形，由这三个原色二次混合得出的橙、紫、绿这三个间色又组成了一个三角形，接下来是三次混合后的颜色——红橙、橙黄、黄绿、蓝绿、紫蓝和紫红。

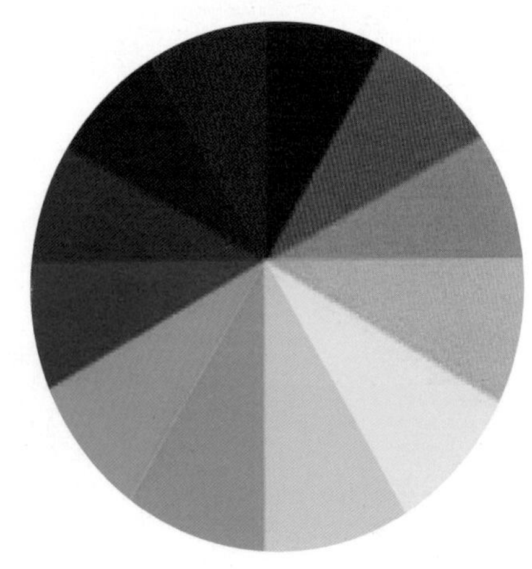

时装作品——阿里森·温斯坦里(Alison Winatanley)

时装作品——萨莉·鲍恩德(Sally Bound)

色块图像由流行预测出版物“Here & There”提供

单色系是基于同一种颜色深浅的变化。

相似色系由色相环上邻近的颜色组成。

无色彩色系指的是没有色彩的黑色、白色和灰色。

互补色由色相环上处于正好相反的两个端点的颜色组成。

作为物理学的一种视觉反应，它有着自身的变换规律，也被应用于多个领域，如光学、摄影、染色印染等方面，而在此我们讨论的颜色应用是出于对含有色素的涂料、墨料和染料等情况的了解，从而得出在光的反射作用下是如何呈现色彩效果的。

定义颜色的三大要素是色相、明度和纯度。

- 色相——色相环中颜色所处的位置。
- 明度——色彩的明暗程度。
- 纯度——颜色亮度的饱和程度。

其他有关色彩的描述：

- 浅色——纯色与白色的混合。例如，红色+白色=粉色。
- 深色——纯色与黑色的混合。例如，蓝色+黑色=海军蓝。
- 色泽——色彩表面的质感。
- 色调——浅色与深色等一般性描述。

时装作品——艾米丽雅·博尔顿(Emilia Boulton)

此处两组色彩方案来自于旅行游记中的摄影图片组合。被挑选出来的色块很好地反映了色系中的主色调，当然也挑选了一些冷色或暖色作为亮点来调节整体的色彩效果，进而打造出趣味十足的色彩故事。这些所拍摄的图片或图像是解析颜色方案不可或缺的一部分。

当颜色被放置在相邻的位置上时，对色彩的感觉会有所差别。通常明亮的色块看起来比发暗的色块要显得大一些，当然也会产生较强的视觉冲击力。暖色调的和纯色的色块看起来要离得近一些，而冷色调的色块显得要后退一些。亮色调尤显膨胀，暗色调略显紧缩。黄颜色是看起来显得最大的一个颜色，黑色则显得最小。

每一个颜色都具有一定的“象征意义”，而且会对我们的感官、情绪、知觉产生深邃的影响。下面所罗列的一些内容可以作为设计师们在运用色彩概念进行设计时的有力工具。

- 白色——脆弱、无辜、干净、权威、成婚、奢华、运动。
- 灰色——实用、一致、景观、模糊、朴实、职场、虚幻。
- 黑色——戏剧、错综复杂、幽暗、哥特风、悲痛、拘谨。
- 红色——戏剧、危险、性感冲动、扩张、年轻、有活力。
- 粉色——浪漫爱情、甜美、花卉、美好、糖果、新鲜。
- 黄色——阳光、欢呼、希望、幸福、乐观。
- 蓝色——海洋、天空、纯净、平静、实用、单调、信任。
- 绿色——草地、树木、自然、自由、安全、丰饶、异教、生态。
- 紫色——高贵、宗教、奢华、财富、雅致、富态。
- 棕色——自然、土壤、乡村、稳固、友善、虔诚、谦虚、伪装。

设计师可以通过颜色的选择使整个系列的设计情绪或高涨或低落，也许这种情绪是切中实际的或是漫无边际的，也有可能是制造冲击或者伪装得无影无踪等等。某一季节错误的颜色选择对于设计师团队而言可能会造成灾难性的后果，通常颜色的选定要基于走访专业博览会和咨询流行趋势研究顾问后敲定。

文化的差异也导致了我们对颜色的看法和穿衣服的色彩选择的不同，由于我们的肤色和所处环境光照强烈程度的差异，颜色看上去会非常不同。戴安娜·弗里兰(Diana Vreeland)的名言“粉色在印度人的眼中就是海军蓝”即是一个很好的例证（戴安娜·弗里兰是美国版*Vogue*杂志的前任主编）。

关注整个设计，与其他设计要素相比，在视觉冲击力的感知中色彩是首当其冲的，一件服装的设计因为色彩的更换而大相径庭。

服装作品——萨莉·鲍恩德（Sally Bound）

Texture 织物肌理

面料的整体感觉包括其“手感”以及面料的肌理效果，这对于整体设计而言至关重要。有时由于众多的服装视觉交流媒介而忽略了该设计元素，然而，面料的触感以及肌理效果越来越成为市场中判断服装设计质量的关键。

纺织品技术人员在研究面料的感知方面取得了巨大的进步。通过一定手法的处理，面料的整体感以及着装状态可以形成新的感观效果，例如通过洗涤和磨绒等方法产生的面料效果（详见第56页的“了解面料”）。

通过对面料肌理和材料小样的实验与研究，其所产生的一些可能将成为设计研究过程中一笔重要的财富。

服装作品——斯蒂芬妮·巴特勒（Stephanie Butler）

服装作品——斯蒂芬妮·巴特勒
(Stephanie Butler)

服装作品——嘉玛·帕基
(Jemma Page)

这件由妮娜·米利尤思(Nina Miljus)设计的夹克，其材料源于对针织平针织物进行激光切割处理的实验，将这些切割条密密麻麻地打结于一件针织服装上，从而产生如此流苏状的面料肌理效果。

Silhouette 廓型

一些令人难忘的艺术作品都具有值得回忆的大体廓型，无论是建筑、雕塑或者绘画，类似的还有文学与音乐作品。

对于时装设计而言，廓型指的是服装整体设计的造型感和体积感。在20世纪，时装设计师们通过对服装的体积与造型进行多次的实验与尝试，从而打造出反映服装与身体之间富有涵义的廓型。一些廓型已成为某类特别造型的代名词，如克里斯汀·迪奥的A型轮廓造型。

廓型的变化极具戏剧性，但通常也是时装元素中最为稳定的一个因素，其演绎往往是通过一段时间进行变化。

对服装廓型的探索是进行设计时极为重要的一个思考内容，同时也是在平面二维的纸面上表达服装设计效果时容易忽略的内容。当服装设计进入到服装样衣成品阶段时，在廓型设计阶段所缺乏的思考和一些错误就会被暴露出来（参见第98页设计过程——原型设计）。

通常对廓型的检视包括两方面的内容：即服装造型的边缘形状与长度，由此造成的面积体量感综合而成的服装廓型。同时，廓型还反映了服装内部的空间和比例关系。

对于造型上的思索不仅限于正面和背面，还要留意3/4侧面的造型。另外，服装造型的整体效果与人体体形之间的关系，特别是在活动时产生的变化都需要考虑进去。

随意的A型　方肩直角造型　A型廓型　I型廓型

随意的A型　由服饰配件造就的廓型　将身体分成两个不同造型的廓型

桶型外套大衣　由头饰构成的廓型　V型廓型　沙漏型廓型　高腰帝政风貌廓型

在服装历史的长河中，人们依照自己身体的可塑性，曾经演绎过非常极端的服装轮廓造型，同时也产生和酝酿了不断演变服装廓型的能量。这些也是在当时的社会及经济背景下，人们为追求美而产生的必然结果。其中的联系可以从某一特殊历史时期占主导地位的廓型特征里看出端倪。例如，哥特时期高耸而顶尖的建筑风格影响到服饰中的顶尖高帽和尖头鞋型等。同样，都铎王朝时期扁平而宽阔的建筑风格也给当时的宽边鞋和阔边帽留下了痕迹。通常，服装的廓型由它们所相似的象征形状来命名，如桶型或钟型。

1950年代非常流行的帐篷型廓型　袖身决定整体造型的廓型

尽管在过去的30年中有很多非常流行的服装廓型，而在此用效果图的方式所描述的服装款式呈现的多为普通以及休闲的一类服装廓型设计。

时装画由菲奥娜·瑞赛德·埃利奥特(Fiona Raeside Elliott)提供

在这幅具有视觉冲击力的摄影作品中，其强势的廓型由服饰设计造就。

鲁克·理查德松(Luke Richardson)的服装系列“都市伪装”

服装的廓型往往会在一段时期内不怎么变化或是变化较缓慢，而之后会发生一些陡然且戏剧性的巨变。导致这种情况的原因是错综复杂的，并且同当时深层的社会变动和文化事件有一定的联系。

20世纪著名的服装设计师们为创造性的改良服装的廓型而作出了巨大的贡献，从而也造就了时装设计的新动向和新潮流。查尔斯·弗雷德里克·沃斯(Charles Frederick Worth)于1860年代设计推广的束腰长裙和1870年代设计推广的腰垫裙撑取代了的传统的女士裙装撑架。他同时以简洁的线条廓型设计而闻名，去掉了那些繁复的褶皱和荷叶边等。

可可·夏奈尔(Coco Chanel)从1912年起创建了一系列摩登而运动的女装。她将女士宽松直筒衬衫裙、套装、男士赛艇长裤、运动上衣以及针织服装于第二次世界大战前进行了设计推广，并且它们在那时流行开来。

玛德琳·维奥耐(Madeleine Vionnet)自20世纪30年代起在服装界的影响力逐渐上升，特别是她在服装斜裁技术上的实验与创新所带来的富于流畅的线条重新演绎了服装与身体之间的造型模式，同时她还擅长对带有兜帽的斗篷和吊带领口线型领进行设计。

克里斯托巴尔·巴兰夏加(Cristobal Balenciaga)曾经创作出一系列优雅而戏剧的廓型，且具备了硬朗与正式的风格。1939年之时，他设计的削肩、收腰而丰臀的廓型非常受欢迎。在1956年时，他通过提高前下摆造型线和降低后下摆造型线而打造了一款新风貌服装。

克里斯汀·迪奥1947年的“新风貌”(New Look)以紧身胸衣为基本构架并附以细腰的女性特征，其超大的裙身用料达20多米。

这种极为女性化特征的廓型与第二次世界大战时极为简朴的女装式样形成了鲜明的对比。1954年迪奥设计的H型廓型服装将女性的胸线提高，并将腰线向臀部下降，如同英文字母H中一横处的位置。1957年，迪奥发布了一款非常宽松的类似大布袋造型的女士连身筒裙，从而为更舒适、摩登的女装式样开辟了一片新天地。

伊夫·圣·洛朗在打造极具现代感的服装造型方面颇有影响力，特别是他将传统男装风格的式样融入到女装的设计中——裤套装、吸烟装以及超长外套。他在1958年创作的具有“高空秋千”般的廓型表现在狭窄的肩型和饱满的裙身等特点上，并影响到了整个1960年代早期的女装廓型。

在20世纪的70~80年代，先锋派的设计师川久保玲不再墨守成规，她的服装廓型融合了东方与西方服饰的造型特点，通过大量尝试如悬垂披挂技巧以及利用面料的体量感进行自由地造型，摒弃了传统的依照人体基本体貌进行造型的方式。

图例中是一些改变造型传统而被关注的廓型：松紧束带女装、牛津袋状裤型、女裙腰垫裙撑、气泡型裙型、敞篷外套，“蜂巢式”发型。

Proportion 比例

比例指的是对物体形状线型划分的结果，它关系到物体的形状、体量、颜色、面料、质感以及尺度等等的平衡感。对所提及的元素进行设计组合，可以产生多姿多彩的服装设计。

对“比例感”的感知被认为是非常主观的，因为对于区分物体中被分割的形状，其“好”或者“坏”一定程度上取决于个人的欣赏观念以及所处时代的审美价值观。然而，一些理论从数学的角度探讨其可能性，希望能够找到并提供较为完美和令人满意的一个公式，例如黄金分割。历史上曾经一些时段，服装比例的变化是非常合乎常规的，例如文艺复兴时期的经典线条。

黄金分割的理念是从古代雕刻的造型中真实测量出来的，发现5：8的比例关系通常存在于一个物体的组成部分当中。这样的比例认同还适用于其他的艺术与设计，并且效果良好，例如一幅绘画的组成部分。

这种非常经典的比例关系在服装上并不能够一直流行；一些“出格”的比例关系同样也会盛行开来。时尚一直处于从正统、传统到替换、挑战的瞬息变换之间；由此，黄金分割比例不可能是绝对的选择。

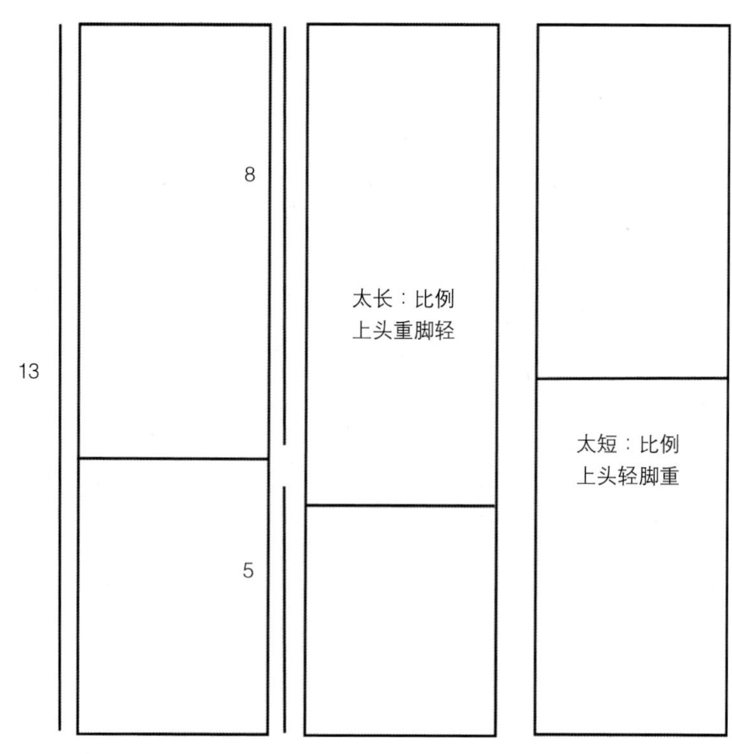

黄金分割：
5：8
的比例关系

对称

艺术作品中所谓的均衡感有两种：对称与不对称。从视觉上来感知其分配的效果与体量是平等而相同的，可以说它就具有了对称的效果。

不对称有三种情况：相同量感而不同效果，不同的视感设计而相同的视觉效果，不同量感且效果不同。

设计中所参与的元素越多，就越难打造令人满意而均匀相称的设计效果。

相同量感而不同效果

不同量感且效果不同

不同的视感设计而相同的视觉效果

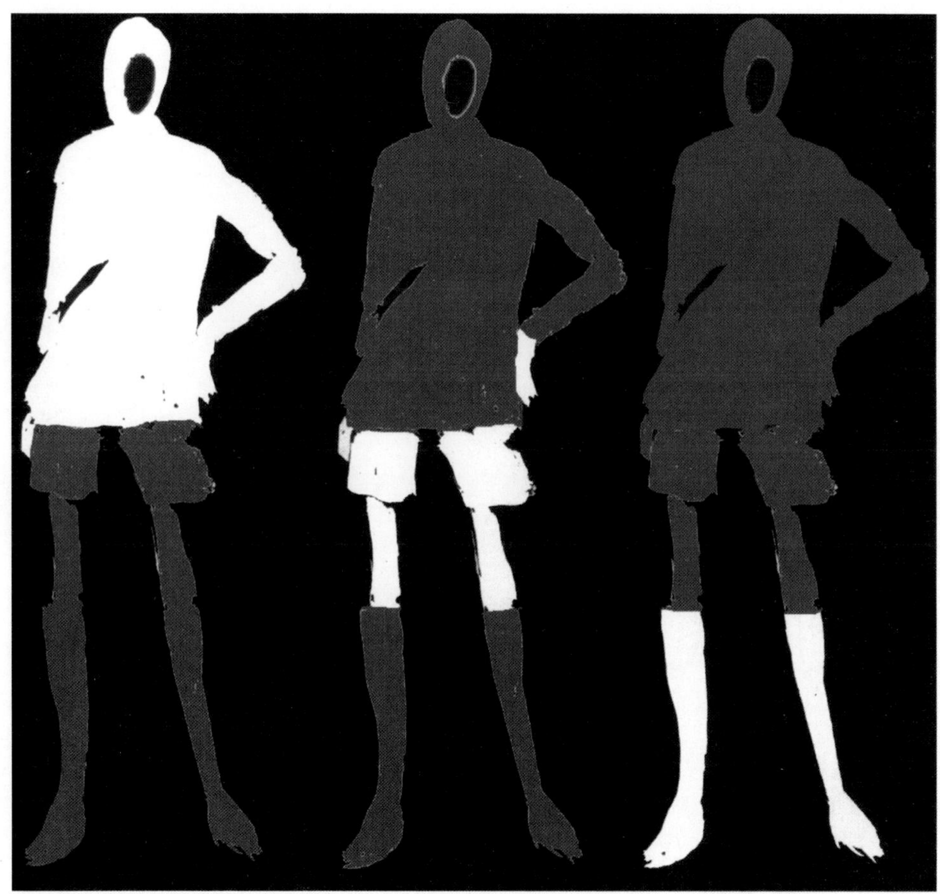

平衡

一个身着运动帽衫上衣、短裤和长靴的较为简练的廓型服装，由颜色带来的变化而产生戏剧性的设计结果。面积较大的部位填以阴影色也被称为色块填充。

通过对服装设计中相应的体量、尺度、线条以及细节的把握达到整体设计的平衡。只有从视觉角度满足了一种平衡感，才可以说该设计是成功的。这种均衡感是建立在一系列较为复杂的具有对应关系的基础上的，它们可能涉及一些经典的取悦视觉的比例组合（如黄金分割），也有可能涉及当今社会文化艺术对应的比例尺度审美标准。

把握服装中的平衡感这项工作是令人赏心悦目的，有时把握好准确的缝迹线位置、领子的大小以及口袋的方位是需要进行精挑细选才能做到的；当然这也与人体的比例尺度和形体特征有紧密联系。每一时期都有其理想的人体形态造型，由此也改变了服装造型的均衡感。

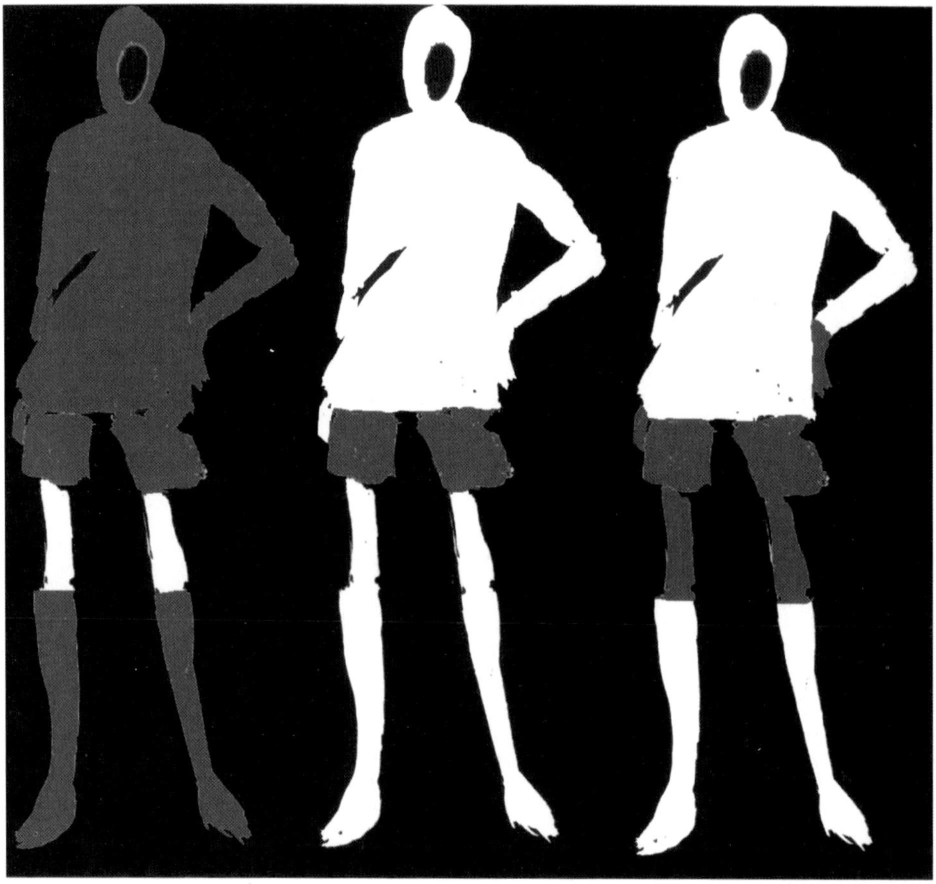

对比

通过使用具有阴阳效果的色块来展开设计训练是非常有意义的，同时可以感知到在视觉比例与平衡上的戏剧性变化。阴、阳的交替产生且重复变化造就了一种节奏。当阴、阳两元素同时被使用或是在视觉上靠得太近时都会产生“眩晕”的感觉。

阴、阳本身就具有分离的作用，造就极为强烈的视觉冲击力，不仅可以用于色彩对比中，还可以用于如材质的坚硬与柔软、粗糙与光滑、或者虚与实、图形有与无等方面的表现。

设计师可以充分运用这一强有力的工具，使得服装或人物的造型设计能够被突显或者是被淡化。

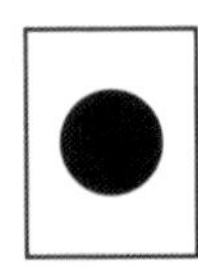

比例尺度＆节奏

比例尺度一般用于表达服装整体与细节设计之间的关系。服装及其穿着者在细节尺度和相关量感上与整体造型的关系通常由视觉感知来捕捉和做出决策。

设计中各个元素需要在整体设计上保持和谐的比例关系，如不能太大或太小，不能太亮或太暗。

较好地运用节奏，可以说是获得较为满意的设计结果的重要设计思路。设计中的节奏是由线条或块面的重复而产生；这种重复可以是一致的，也有可能是由大到小或由小到大。具有节奏感的图案是通过叠叠层层的效果而产生的。

在此，我们所罗列的一些例子使用的是较为简练的图形，这些图形有花卉图案形、圆形、方形、条纹形以及网格形。

在使用较大尺度的图形图案产生一定的视觉冲击力进行整体比例设计时，有很多方面是需要考虑的。例如要考虑其总体重复变化范畴，因为尺寸较大的图形特别是单独纹样，如果不能和人体的比例、服装门襟的开合以及缝迹的结构等相吻合，就会导致错误的设计比例结果。

所呈现的图例中运用了对比和比例尺度的设计手法，以打造较强的视觉冲击力。

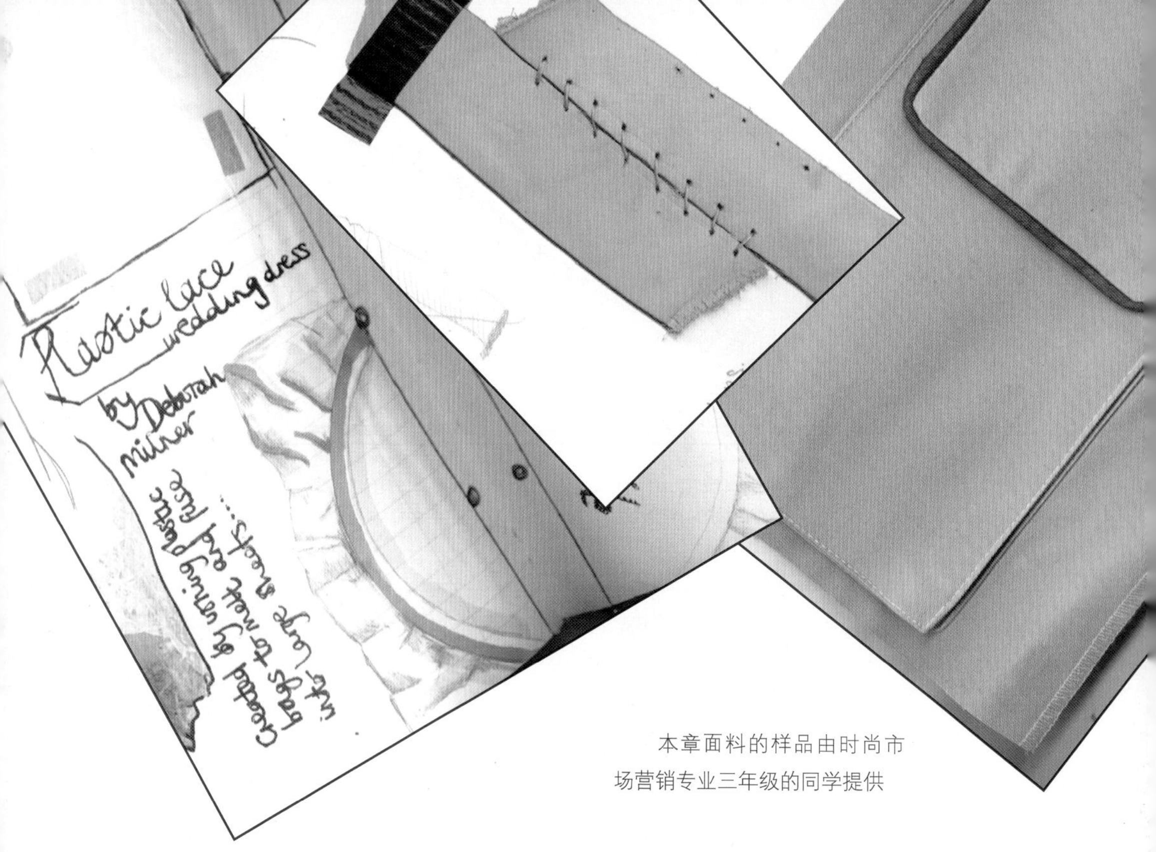

本章面料的样品由时尚市场营销专业三年级的同学提供

Understanding Fabric 了解面料

对于从事批量服装产品开发的设计师而言，其任务是将纸面上二维的设计效果图转化成三维的成衣。一般而言，设计师们需要花上几年的时间来培养与建立对织物性能的感知经验，才能更好地开拓与运用织物的这些性能。这一部分将试图给有望成为服装设计师的设计人员介绍面料的感官视觉、触觉、结构特性以及肌理和图案等内容。

掌握面料的结构以及物化性能等方面的知识是非常重要的。大多成功的设计都能很好地使用面料在结构上与众不同的性格与性能。通过选择面料并制作成面料小样，将它们组搭在一起讲述设计主题下有关面料的故事，进而形成了整个系列设计中重要的一部分。

通常设计师会对料样进行感兴趣的处理、缝边、线迹缝合等一些修整式的实验，进而发现面料织物的潜在特点。在尝试性的实验过程中获取任何有趣的构想都可以在设计稿的绘制中一起表现。

面料风格

逐渐熟知面料的风格尤为重要。不同的面料样品有助于扩宽设计师们的视野并积累一定的经验。不同的织物处理手法是不一样的。例如，一块肌理明显且毛质较长的人造狐狸皮毛，在处理时与透明材料就有着截然不同的手法，透明材料的表面线迹是清晰可见的。

织物的风格可以由手感来感知：

- 干的——绉纱，仿制毛圈式绒织物。
- 爽脆，有纸状感的——府绸、塔夫绸、蝉翼纱、透明硬纱。
- 光滑的——色丁缎面材料、丝绸、铜氨丝。
- 滑腻的——桃皮绒。
- 橡胶感的——有滑石粉般的白色涂层面料、氯丁橡胶、泡沫质料。

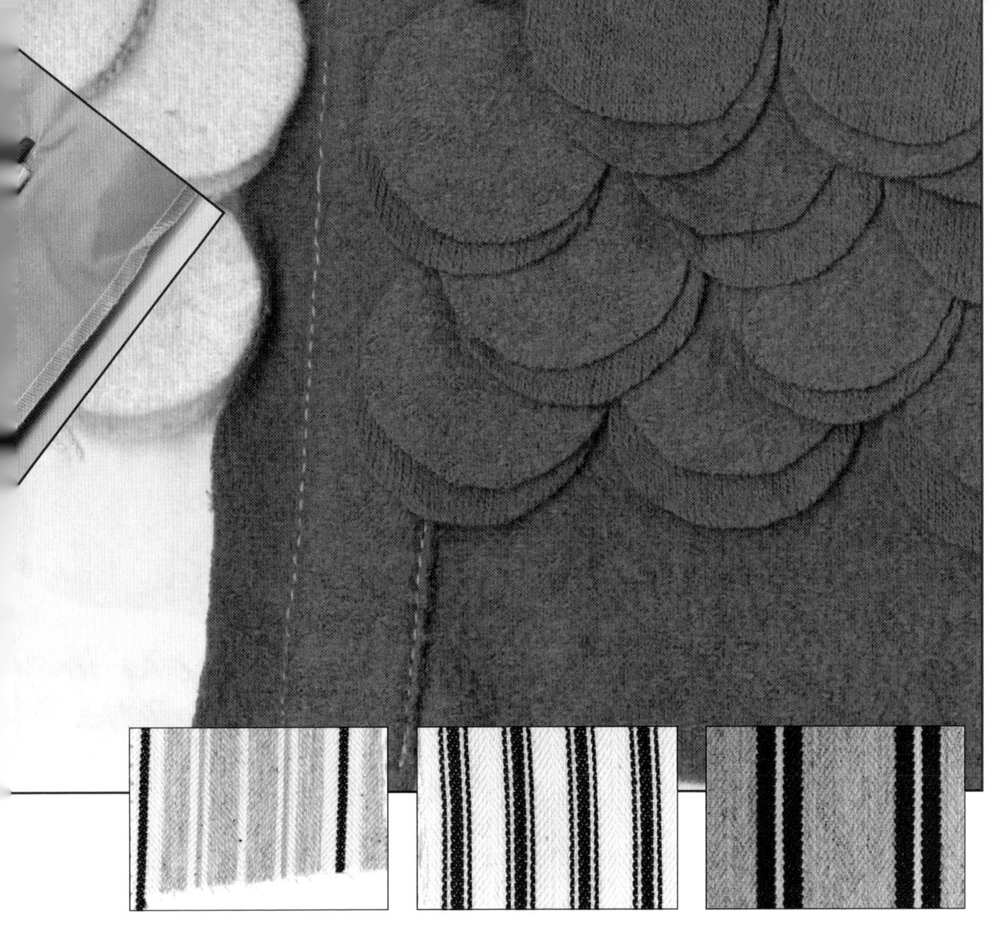

- 油质的——上蜡的棉布。
- 上光、上漆、漆面的——尼龙、涂层布。
- 华丽而毛绒感的——丝绒、绳绒织物、天鹅绒、剪羊毛绒织物。
- 流畅的——精细针织物、雪纺绸、乔其纱、丝绸。
- 抛光的——丝光质地棉。
- 黏合的——起支撑作用的泡沫质板。
- 硬朗的——劳动布、厚斜纹棉布。
- 毛毡式的——羊毛、绒毯布。
- 起绒感的——马海毛。

手感是指当你触摸织物时的感觉——粗糙的、光滑的、温暖的、凉爽的。面料的特性决定了服装的裁剪、悬垂披挂以及造型感等，纤维的特性决定了面料的性能。在设计时除了受目标市场以及上市季节的限制外，对于织物的外观审美、手感、垂感以及织物的结构等也是设计师必须着重考量的问题。

设计师们通过多个季节反复尝试一些织物的性能，逐渐在某个领域磨炼得具备专业素养和专业眼光。设计师会随着面料知识的积累以及对某些特定面料的把握而打造出具有“标志性的款式风格设计”来。

选取面料时需要考虑的问题：

- 重量——决定了服装的悬垂感。
- 织纹——同时需要考虑垂感、生产和加工。例如，对于边缘散开的织纹，服装的底边和衬布都能看见，那么还需要里子布吗？
- 材质——柔软而光滑的材质很有魅力，而粗糙的面料质地具备别样的风格。
- 色彩——所选的颜色在对比、强调、色块、印花以及图案等方面是否协调？
- 宽度——织物的宽度取决于图案的尺寸大小，对宽度的考虑至关重要（避免不必要的或多余的接缝）。

- 价格——纤维原料的价格高低不同，服装在定价时应尽量保持竞争性。如今，为了织造各色性能的面料，天然纤维与人工合成纤维被不遗余力地组合在了一起。

织物类型

机织物：在织机上采用经、纬纱织造而成。经纱与织机平行，纬纱的工作原理是从织机的一边到另一边，并在经纱上下来回穿梭。机织物的种类各色各样，如平纹、席纹、色丁缎纹、斜纹、人字纹以及V形纹、凸条纹、提花、小提花、纱罗。

针织物和平针织物：需要使用一根或多根连续的纱线织造而成，纱线通过套圈的方式连接在一起并形成了一张“网”。针织面料比机织面料弹性要好。针织物的种类——经编针织物、纬编针织物以及毛条针织物。单面平针织物是用平针的方式织成的管状经编或纬编织物。双面针织物比较结实，使用两幅钩针织成，裁剪后布边不回卷，做成的服装比较挺。

非织造织物：通过机械的、化学的、热能的、溶解的等一种或多种方式，将纤维聚合在一起而形成的织物。

蕾丝：机织织造的蕾丝花边是以网纹作底并进行图案的刺绣而形成的织物。“席福丽”即模仿手工感的刺绣在一张平网上织成的蕾丝。如果将底布进行灼烧和溶解处理，就可以得到“凸纹花边”。如果将刺绣应用到平纹棉织物上，可以得到一些特别的织物，如英格兰刺绣织物或网眼织物。

网状织物：将两股线轴纱线缠绕编织在一起的织物。

织物后处理

砂洗：采用机械打磨的方式，将干燥的织物放入一丛载有砂纸的滚轮下进行处理，通过如此打磨而得到的织物如同风化作用下的效果，非常柔软。另外还有磨绒、仿麂皮（一般用于较厚织物）或桃绒皮（人造麂皮不能使用这种方法）。经过砂洗，织物表面的光泽被去掉，而手感和颜色变得比较柔和。

水洗：采用沙粒或小石子等进行磨洗，利用洗涤过程中矿物质的磨损力打造织物效果。由于此种处理方式比较精细，一般用于丝绸或粘胶纤维人造丝面料的处理，织物可获得如同砂纸打磨般的效果。

丝光：丝光处理是一个使织物收缩的过程。把织物放置于15%~20%的碳酸钠冷溶液中过一下，以棉纤维为例，使之在长度上紧缩而宽度上有所膨胀，从而产生一定的光泽。丝光的过程使得织物的织力增加了20%，从而使纤维更容易上色。

涂层：早期“有效的”织物采用天然油料或蜡质材料进行涂层，用以防水。随着石化技术的发展，目前基布如同一层塑料仅仅作为稳定的底。被称之为涂层织物的材料与层层涂层差别不大。这类织物大多使用“轧纹”技术进行处理，从而产生类似动物皮表肌理的效果，创造出一种轧花效果。聚亚氨酯和聚氯乙烯(PVC)就是两种常见的涂层材料。厂家们都不太愿透露有关增光、消光、仿金属整理等化学处理的细节。

上光：在织物的表面涂抹浆料、虫漆、胶液等，使织物看起来有打光或抛光的效果，表面再使用熨斗烫压，整个过程要防止灰尘。用上光手法处理的棉织物非常硬挺并带有光泽。

烂花：处理的面料由两种纤维织造而成，例如，聚酯纤维和棉的混纺物。图案的效果是通过使用屏蔽的方式强行绕开化学试剂，使不被保护的一种纤维被灼烧而遗留下纯粹且富于变化的肌理纹样。

抗菌：织物通过防腐面漆处理产生自我抗菌的能力。这种面料可以干洗或水洗，人体自身的排汗不会影响面料的性能。

也许还有很多由于时尚的变幻莫测而产生的织物处理手法。这还是一个不够完备的清单。

根据织物组成成分的不同而进行以下分类：

- **动物纤维织物**——来源于动物。如羊驼毛、安哥拉兔毛–安哥拉兔、驼毛–亚洲双峰驼、克什米–克什米山羊、骆马毛、马毛、美洲驼毛、马海毛–安哥拉山羊、丝绸、小羊驼毛、羊毛。
- **植物纤维织物**——来自于植物。如椰壳纤维、棉、亚麻、大麻、黄麻、木棉、亚麻制品、凤梨麻、酒椰纤维、苎麻、剑麻。
- **天然合成纤维织物**——由人工合成的天然高分子物质织物。如醋酸人造丝、铜氨丝、二烯弹性纤维织物、金属纤维、莫代尔纤维、溶解性纤维（再生纤维素纤维）、三醋酸纤维、纤维胶人造丝、天丝纤维。
- **人造纤维织物**——按照某类化学结构制成的纤维。如腈纶、芳纶、弹力纤维、变性腈纶、锦纶、聚丙烯腈纤维、聚酰胺纤维、涤纶、聚乙烯纤维、丙纶、聚四氟乙烯纤维、聚亚胺酯纤维、聚氯乙烯纤维(PVC)、聚乙烯基纤维。

开发新型面料

在设计中经常关注面料的技术发展十分重要，这样有助于帮你在设计工作中选择最好、最有关联的面料。消费者生活品质的提高也反映到对纺织品面料的高要求上来，如：舒适、性能好、合身、保持身形、跨季节多功能性、质量与风格、附加值、重量轻、环保性等要求。

顾客在创新的环境里需要持续消费，在此我们也要了解一下有关纤维和面料的新思想、新拓展。

新晋开发的传统纤维面料：

- 种植彩色棉。
- 有机防水蜡涂层棉。
- 棉和羊毛以及棉和羊绒共存的防缩处理。应用于棉和亚麻的免烫、抗污处理。

非传统纤维资源开发

- 将黄麻与其他纤维的混合，增加面料强度。
- 荨麻纤维细腻且结实，具有良好的绝热性能。
- 大麻是一柔软且结实的纤维。
- 剑麻的抗静电性能好，可以与其他纤维混合使用。
- 菠萝和香蕉叶里含有丝状纤维物，但开发成本较高。
- 泥炭纤维能够制成仿毡类的织物，其抗静电性好，低过敏源并具备良好的吸收性能。
- 海藻用作服饰材料有很好的治疗效果，既溶于水且抗燃。

合成聚酯纤维

- 聚丙烯纤维，传统中一般用作打包、制袋的纤维，也可以用作结实而精细的防水面料，保暖性好。
- 聚乙烯纤维，传统上用作旗子和打包，也可以用作一次性的时尚物品。
- 聚氯乙烯纤维（PVC），用于后整理和织物涂层，具有一定的热敏感性，可以通过加热定形制作一些有趣的物品。

其他材料

金属：钢、铜、铝可以用于针织物、机织物和非织造织物。

橡胶：优质的乳胶可以制作服装和饰品，还可以铸浇成无缝模型。

纸张：聚亚安酯的涂层可以使纸张更加坚韧，并具有良好的耐光性和抗温性。

玻璃：玻璃纤维可以掺入纺织品中增加织物的反射性能，但同时会降低织物的抗磨损性。

陶瓷：同聚酯酰胺一起使用，可以增强织物的防水性和防紫外线功能，掺入纺织品中能帮助维持体温。

混合技术

丝和钢：丝状纱和钢混合织造可以产生精致而稳定的结构。

羊毛：羊毛如果和其他纤维进行混合，例如科瓦纳纤维（一种防弹纤维），能织造出更粗犷、更有质感和性能的织物。

纺织品印花和染色

织物的颜色不仅具有视觉冲击力，同时也充满了趣味感。纺织品中的印花与染色在吸引消费者的同时，还迅速传递了流行时尚信息。印花与染色不仅使整个系列非常协调，还使整个系列更加多样化 。在此我们将讨论一些比较常见的印染工艺。

印花技术

模板印花：通常使用刻有图案的木质模板，这些图案也可以锤敲至金属片一类材质的模板上。

烂花印花：将化学试剂涂抹在具有两种纤维合成结构的织物上，印染过程中将一种纤维破坏后所留下来的痕迹产生了此印花效果。

拔染印花：将浆料涂抹在布料上，使得被涂位置的底色由深变浅而得到深浅色泽组合的印花图案。

雕刻辊筒印花：把图案雕刻在金属质地的滚筒上，滚筒被着染料后，在压力的作用下将图案转移到服装面料上。

丝网印花：此工艺基于模板印花技术。首先制作一个精致的网眼筛，利用化学方式把不需要印花的地方以图画模块的形式制作出来。每种颜色都需要有各自的筛子。

用挤压器把墨料通过筛子挤到布上，可以用手压也可以使用机器完成，这取决于料样的长度以及所染的图案是单件的还是大批量使用的。在布料上印花可以是在制成服装之前或之后，这取决于印花的类型。

热转移印花：该技术的工作原理是将印有图案的纸和布料一起通过一个被加热的辊筒，从而将图案转移到布上。这项技术需要一些能着色的转移印纸和一个不大的热压机手工即可完成。

墨料印花：这种技术将一些特有的光泽注入比较平面的颜色上，用手工的方式也可以进行表现。如通过一定的手法可以令植绒花纹具有天鹅绒般的光泽。不断扩散的墨料还可以改变织物表面的肌理效果。

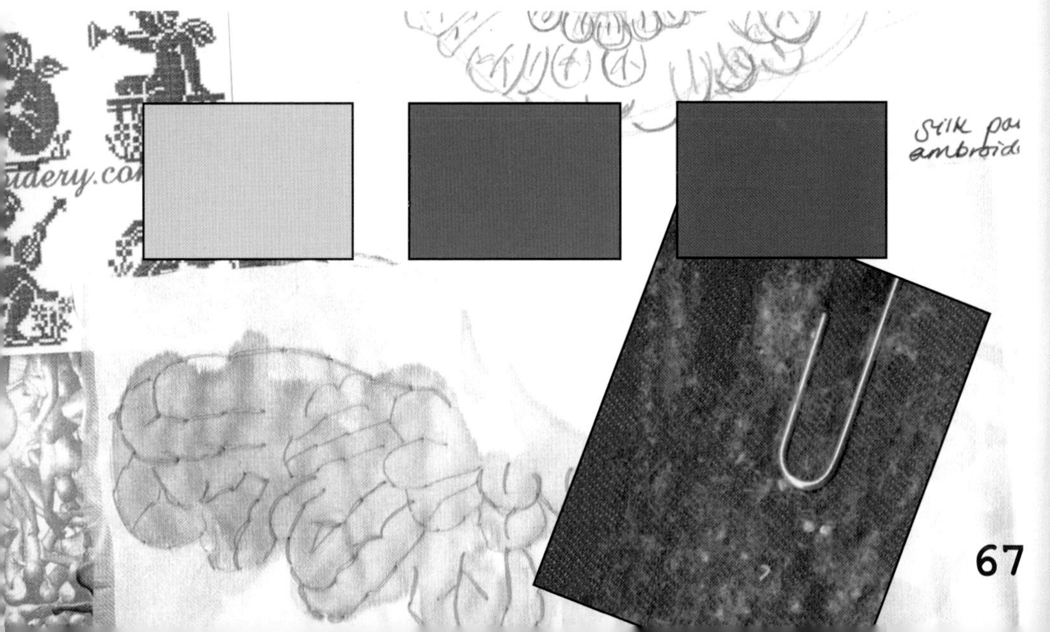

拓纸转移印花：这是在做服装样品或“一次性”印花时用的工艺，需要使用一种涂层效果的纸进行转移。这种纸在热压的条件下将图案转移到服装上。被拓的那张纸上的图案由于这种转移而消失。这种技术一般用在需要复制某类照片或摄影效果的图画时。如果设计的内容里包含了文字，那么要留意的是在转移印制的时候需要将字反过来。

印花的类型

基地花纹：印花是由一个个形色不一的“图形”组成的，并与布料的底色形成了鲜明的对比。

循环印花：由一个完整的单元图形图画设计，在进行上下左右反复变化时形成的布料印花图案。在布料上采取不同方向与角度做裁剪时，都不会影响图案的基本效果。

单向印花：它的成本比较高，所产生的高成本原因是这类印花的面料只能按照一个方向进行裁剪而比较浪费布料。

定位印花：可以在服装被制成裁片后再进行印花。

标识印花：与基地花纹印花技术比较接近，主要是图形标识的设计与处理。

染色技术

纱染是在织造面料前将纱进行染色。**纱染**是先将纱线储存起来，根据当下的流行趋势来选择染色。**匹染**是在织物被织成“灰色”的坯布后再依照时尚色彩进行染色。

直接染色，将布料浸染在溶液中即可，没有其他特别固定的程序。

分散染料染色是先将布料纤维进行加热达到膨胀的效果后，再加压染色的技术。

颜料染色是将染料和合成剂混合起来后进行纤维染色的技术。

碱性、**酸性**和**纳伏森染料**染出的颜色比较鲜亮，硫化印染出来的色系有限。铬化合物印染多用于羊毛织物的染色，但需要加入一些化学物质，以增强纤维的渗透性。**天然/植物印染**具有悠久的染色历史，由于其独特的染色效果而备具时尚感。

其他染色技术

最早使用**蜡染**的是爪哇人。将溶化了的蜡涂抹在手绘图案的布料上，蜡料形成的“防染剂”将被涂之处固色起来而形成染色效果，这种技术可以重复使用而产生错综复杂的印染成果。蜡被移除时产生的裂痕造成了布料表面的蜡纹效果。底色随蜡染的重复而显现出更深的色彩效果。

成衣染色是在已经制作好的服装上进行染色。优点是布面色调比较统一。

纱线扎染是在织造前将纱线“间隔”开来进行染色的，染色效果比较朦胧。这种技术可以依据流行的需要进行染色，因而很受欢迎。

斯里兰卡丝棉混纺织物

埃及丝网印棉织物

埃及手工装饰面料

埃及手工刺绣面料

斯里兰卡条纹棉织物

深浅变化（渐变）染色是一种色调由浅到深逐层进行染色的技术。

其他装饰效果

轧花工艺是热塑纤维经热处理后产生的永久性效果。**起皱工艺**的效果和轧花工艺类似，把布料放置于加热的辊筒上，或使用防腐碳酸钠等使得布料产生起皱的效果。**起褶工艺**需要使用化学试剂类物质将布料的纤维进行溶解。在布料逐渐干燥时产生收缩，而形成起褶的效果。**波纹工艺**是将加热的辊筒用于有棱纹的布料上而产生的效果。加入光的反射作用后，使经过热处理的棱纹织物产生“水波纹”的肌理效果。**激光裁剪**可以给布料带来错综复杂且较精细的处理效果，如在布边缘将毛边封住。

法国第一视觉 面料博览会
http://www.premierevision.fr/

法国第一视觉面料博览会是引领欧洲面料潮流的博览会，每年两次分别于早春、早秋在巴黎的帝德展览中心举行。无论是对于设计师、买手、制造商，还是市场营销人员以及学术界的人士而言，该博览会如同饕餮盛宴，给与会人员提供了各色各样供于系列设计和开发研究的面料素材。

面料种类

展览会由三个大厅组成，分为不同的论坛，议题覆盖了印花面料、针织织物、染色织物、衬衫面料、羊毛类织物、亚麻织物、仿丝织物、顶级丝织物、休闲装、运动装、斜纹类服装以及装饰、蕾丝、刺绣、纺织品配饰。

展览会论坛展示中所提供的设计灵感和流行趋势等面料方面的信息来自于时尚产业中的一些资深成员，提供的内容涵盖了流行预测、纤维材料、纱线与纺织品的织造，同时提供相应的资讯服务等。博览会中的一个大厅由视听剧场、面料展示和提供流行趋势刊物的机构等组成。这类机构从事两种不同类型的服务：流行预测刊物和时尚杂志的出版。

论坛

在参展的九个论坛中，除了一个“总论坛”之外，其他的均以某一类型的织物来展开讨论。大会组织者从生产研发的厂家中挑选那些最符合流行主题的织物，并将它们组织起来形成具有强烈视觉冲击力的展示。这些展示对于设计师和买手而言非常有用，因为他们可以很好地理解和熟悉这些面料，同时也方便找到这些织物。

帝德展览中心的第二个展厅印迪戈(Indigo)是专门针对印花设计人员准备的展览。起先这个展览是第一视觉博览会的一部分，如今由于参展数量的增加而独立成为了专门的展示。

烂花效果
激光裁剪样片，由时尚圣典提供
斯里兰卡丝/棉混纺织物
印度尼西亚蜡染织物
斯里兰卡纱线扎染织物

Innovative Developments In Fabric
织物创新研发

如今，织物越来越“智能”，同时这些性能特点逐渐被融入到织物织造的结构中，纤维与面料的设计拓展如同服装的裁剪造型一样同等重要。

一些合成纤维通过热处理可以将褶痕或皱褶永久性的“设定”下来。一旦这种造型被“锁定”，使用该织物做成的服装将一直保留这种褶纹形状。

伴随着纺织品的研发拓展，一些新术语不断涌现：“高性能”、“专有技术”、“智能型”和“智慧性”。这些术语用来描述织物在透气性、抗菌性以及防紫外线(UV)等性能上的独有特点。防弹面料提供了一定的“保护”，一种名为“零暴力”的面料，其强度是钢铁的5倍，刀具与子弹都无法穿透，而手感如同开司米一样柔软。一些这方面的开发可以追溯到美国国家航天航空局和国防部。美国国防部开发的“等离子体加工技术”可以使服装抗污防尘。据估测，将来我们还会用上能够自我修复、自我清洁以及防磁波的面料。

服装的能效性与智能性有很多交叉点。当面料的颜色受到热和光的影响后会发生改变，智能材料同样如是。它们在保护我们的同时还帮我们做出决策。智能型面料有以下特点：

- 程序化处理后，面料能够适应各种情况以及依据环境随机应变。
- 此类材料具备传统面料所具有的性能以及传统面料没有的一些性能。
- 针对我们每次的穿着，都有一定的感应性。

最新的研究是在面料上使用了一种感应膜或胶，它使得服装在垂落时改变了其易变的特征而保持形的稳定性。美国军方研发测试的一种服装材料能够跟踪士兵的行为，使得指挥中心能判断出该士兵是什么时候受伤的以及伤势的严重程度。如果这项技术运用到童装上将十分有益。纺织品能对环境作出一定的反应；当感知下雨时，此时面料纤维与线迹之间的微孔就会闭合而保护穿着者。

也许最为智能的面料是能够使用植入到纤维中的芯片和半导体技术，从而24小时监控和保护人体。置于服装或鞋子之中的智能芯片可以将使用者的个人信息进行存储或者转化。

一项正在进行的研究使用了电导-纺织品技术，它能够使纺织品具备一些基本的导电功能，当这项功能作用于一件“智能”背心上时，穿着它的聋哑儿童可以通过连接上的语音合成器发出声音来。

丹尼尔·库伯(Daniel Cooper)设计了一件百变夹克，以监督和保护穿着者免遭污染。穿着这种服装时，穿着者处于一种“主动”或“积极”应对环境污染的状态中。根据污染的程度，探测器中的指示灯由蓝色变为橙色，橙色代表污染程度严重。

日本时装设计师三宅一生(Issey Miyake)为面料在技术与艺术通力结合的审

美能效上开创了先河。他使用聚酰胺单丝制成的夹克和裤装即运用了这种通效整理的手法。光纤维被广泛应用于装置艺术设计中。设计师索尼亚·弗莱恩(Sonja Flavin)将光纤维与卢思特(Lucite)交织在一起，“卢思特”是一种塑料薄片的商标名称，这种薄片能铸、能压，还能被巧妙地处理。

一种革新性的高科技反光材料被运用于泳装的制造，开发商为速比涛(Speedo)，这种技术使得白色的泳衣在打湿后其水分不被传导。防水的或“疏水的”材料可以用于制作最薄、最结实、最为防水的服装外套。

科瓦纳(Kevlar)可以被制作成令人信服的皮革外观面料，这种面料又被称为克普若特科(Keprotec)，它具有防风、防水、透气、防弹的性能，即使受火也不会有大碍。具有感应性的纺织品种类繁多。例如从视觉上区分，有看得见的，在压力下可以变换颜色的登山绳；也有看不见的，洗涤时一定温度下可还原形状的智能胸罩。这些产品所用原料与其他同类产品类似，只是加入了一些智能材料——登山绳里添加了染料，文胸里加入了能够还原形状的记忆合金(SMAs)。这种记忆合金在受压后能够恢复原来的形状。

运动服装生产企业在一些功能性面料成为主流服装用料之前就已经大量使用它们了。之所以运动服装能够具有如此支配地位，是因为人们越来越关心自己的健康、体形和有关的体育活动等。

随着运动类产品的热销，也促进了一些保健药品和维生素的销售。微型胶囊技术可以将有用物质掺入到纤维中并进行缓慢释放，从而起到保健和治疗效果。这类面料不仅具有高科技含量，同时还具备情感沟通的能量，使穿着者感受到更多的疗效。

日本有研究表明，阿考迪斯(Acordis)公司研制的天丝(Tencel)面料能够通过减少因大脑紧张、有压力而释放的负极波，从而来提高穿着者的愉悦感，改善人们的生活质量。

参与研发新面料的公司

阿考迪斯(Acordis)、阿克苏·诺贝尔(Akzo Nobel)、阿尔玛(Alma)、卡灵顿公司(Carrington Performance)、布棚室(Cloth House)、考杜拉(Cordura)、杜邦(DuPont)、迪尼玛(Dyneema)、爱克斯朋生态纺(Ecospun)、恩科申防紫外线纤维(Enka Sun)、四D(Four D)、乔万尼·克雷斯皮(Giovanni Crespi)、宁特麦斯(Kintmesh)、康拉德·霍恩齐(Konrad Hurnsch)、米理尔(Millior)、诺瓦切塔醋酯纤维(Novaceta)、潘诺特科斯(Panotex)、珀斯威尔斯·米勒(Perseverance Mills)、洛尔伊·埃克(Rhoyl'eco)、思高尔勒(Schoeller)、维利斯(Whaley's)。

关于纺织品应用的科研、会议以及研发理念等还可以从以下网站获取信息。

http://www.husseinchalayan.com/
http://texworld.messefrankfurt.com/paris/en/visitors/welcome.html
http://www.regonline.co.uk/builder/site/tab1.aspx?EventID=765304
http://www.tfrg.org.uk/node/10920
http://www.lumalive.philips.com/
http://waldemeyer.blogspot.com/
http://www.just-style.com/authors/just-stylecom-briefi ngs-service_id133
(subscription only site).

Construction 服装结构

在接下来的内容中，我们将运用较为通俗而简练的工艺技巧来讨论它们在服装品类诸如衬衫、女士上衣、夹克和外套、袖子、裤装以及领子上的应用，其中的一些主要元素构筑了现代西方服饰。在此，这些通行的技巧和方法等内容展示了在使用可裁剪类的布料时，如何针对人体特征打造具有三维效果的服装造型，而不完全是描绘具有时尚潮流感的服装设计。这里不涉及一些最为前沿的裁剪技术，所针对的材料不包括有弹性的面料、编织物或针织材料以及具有适合以上特性的材料。

在设计的初始阶段，有必要了解基于人体构造的所适合面料有哪些，以及了解使用这些面料的常规方式，从而达到服装所需廓型设计的要求，其中针对面料的挂法也要正确。有魅力的服装设计其部分原因是服装与人体结构的关系拿捏得好。好的板型图样是基于对目标客户身体构造特征的把握，通过基础板型在人台模特上的修正，并配合一系列的实操与协调工作而得到的。经验的积累和实际的操作可以帮助你来判断这些因素间的变异程度。在此请考虑这些设计的功效。所选面料将如何披挂在人体上？设计的动静如何统一？服装如何进行开合？

在此阶段，设计稿的绘制需要细致而周到，尽你所能在设计手稿的描绘中将服装的设计效果展示出来是非常必要的。对初始草图的演绎与解释逐渐会成为一种技巧。设计图稿中对细节的描述是非常有用的，尽管表现中对具有艺术气息和感染力的一些内容如廓型、动作、比例等也有要求，但通力合作后才能更好地将二维的设计概念演绎成三维的真实设计结果。

我挑选了一些衣橱中最为常见的款式来验证服装有关基础结构的技巧，因为我们所穿用的服装大多都是一些基本且经典的款式。通过对历史的研究我们可以揭开一些服装悠久而有趣的历史面纱，以及它们和不断演绎的历史文化、社会动态之间的关联。关注这方面的知识不仅仅是了解历史，还可以感知全球着装时尚，以及时尚与性别、社会地位还有亚文化之间的关系，从而帮助设计师们更好地将这些知识运用到设计实践当中去。

服装结构的演变基于基本的剪裁，一些聚合的裁片形成了某个地区的民族服饰，它们的焦点集中在了服装的廓型和服装的装饰工艺上，例如蕾丝、刺绣等，如今我们所穿着的服装同样也是以这种裁剪方式而得。一些民族服装里蕴藏了丰厚的历史。

女装定制工艺发展了几百年的时间，在本世纪初达到了巅峰。一些设计师工作室和高级女装店依然还使用着这种工艺。女装定制的发展演变与女士内衣特别是紧身胸衣紧密相连，如今依然如此。立体裁剪、紧身合体造型以及雕刻般的塑形都来自于传统工艺。

在过去的四五百年中，服装裁剪不断从板型剪裁技术技巧的进一步熟练，发展到不需要二次加工的净成形技术，使得服装面料可以紧俏而合体地依附在不同客户的身体上。面料通过熨烫工艺、弹性牵拉工艺以及伸缩工艺等进行巧妙地塑形。在嵌条以及衬里的帮助下，服装更为持久耐穿。

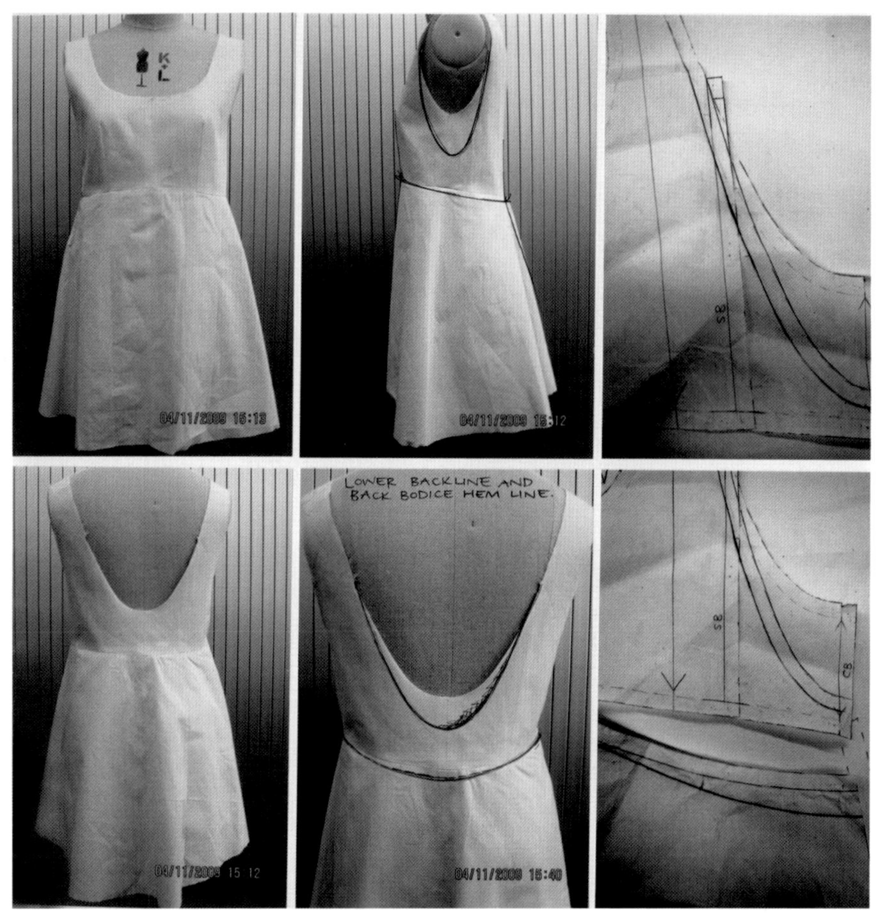

在服装结构的设计中主要有两种方式。第一种方式是板型裁剪，通过板型模块围绕的一些指示与要求形成拟定的板型，或者根据一组指示将某一模块进行重组而得到板型。这种方式在工业化大批量的服装生产中是快速而有效的方法，每一个板型模块都能根据需要很好地被界定与使用。这种方式也大量运用在衬衫、牛仔以及运动服装中。

第二种方式是直接在人台上进行造型，通过使用白坯布或棉布以及平纹细布等在人台上披挂悬垂得到的内容，在平面的纸面上进行转化后而得的板型，即是我们需要的服装结构。这种方式主要运用于立体造型风格的服装上，当然也可以用到很多款式设计中。在实际设计工作中，经常将这两种结构方式结合使用。

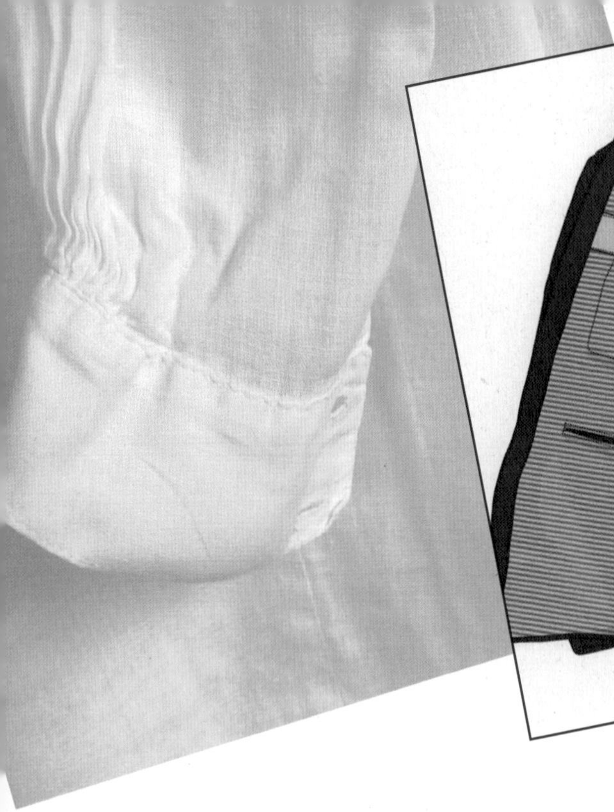

Shirt 衬衫

衬衫的结构造型清晰明了，它的特征表现在前开襟和比较平面的裁剪结构上。衬衫的历史与纺织品织物中亚麻与棉的历史紧密相连，可以追溯到古代文明时期。它的造型促成了许多其他经典服装款式，在美式英语中它泛指一切上装，而不像外套或运动衫这样的词汇旨意较窄。衬衫作为穿着在内的服装经历了漫长的发展历程，直到20世纪才作为外衣使用。值得关注的是，在一些场合单独穿着衬衫而不加外套、夹克等还是被看作为一种不正规的穿法。

在时尚范畴里，从本质上而言，衬衫是一种比较男性化的服装品类，通常保留着较为实用的结构与造型特征。如开口口袋、上衣抵肩、袖克夫翻边造型，服装外层缉面线。女装版本的衬衫通常是指穿着在内的衣衫，如宽松的袍子、女士胸衣或松垂的上衣等。

服装作品——麦克斯威尔·霍尔姆斯(Maxwell Holmes)

服装作品——麦克斯威尔·霍尔姆斯(Maxwell Holmes)

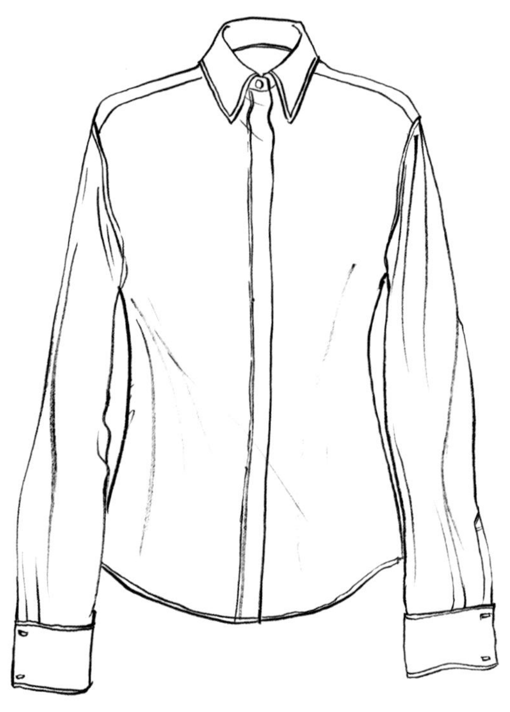

由于衬衫的使用在我们的日常生活中占有较大的空间，因此对该品类较为复杂的结构构成部分和构成形式的研究尤显重要，因为这些也与其他服装有一定的联系。

不仅对衬衫的造型特点如领子的特征做描述，还有对其在结构造型的描述。

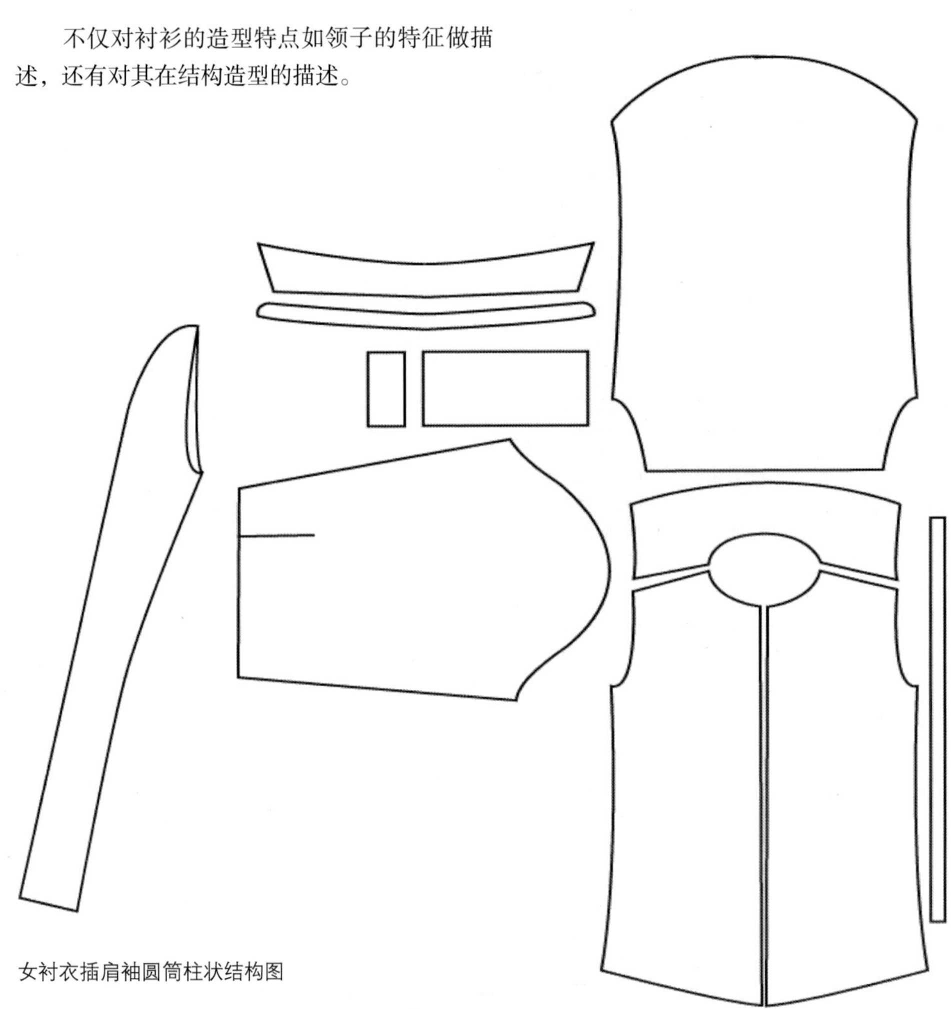

女衬衣插肩袖圆筒柱状结构图

衬衫结构通过连接以下一些部分而组成，包括前片、后片以及袖肩育克，从袖山到袖克夫翻边，一部分从腋下进行连接并在衬衫的下摆处结束。领面与领底以及袖克夫在最后的装接过程中完成。衬衫的制作是大工业生产时的一个范例，可以高度机械化操作，并不需要太多的设计投入。

这种结构造型方法给其他服装平面结构的造型提供了基础，例如连帽防风雨衣，带帽夹克以及橄榄球运动衫等。同时，这些较为男性化的构造也是区别于女装的重要特征。女士衬衣中的“插肩”袖结构是基于女装连衣裙的造型构造而得。

当然也不乏一些通过多元混合后而得的女士衬衣，其不仅保留了男士衬衫的平面结构特点，同时也具备了明显的女性风貌特征。

女士衬衫的结构与连衣裙相仿，袖子为插肩袖。这要求袖子在与大身的袖窿相接之前就要被缝合好，其形状如同管状。

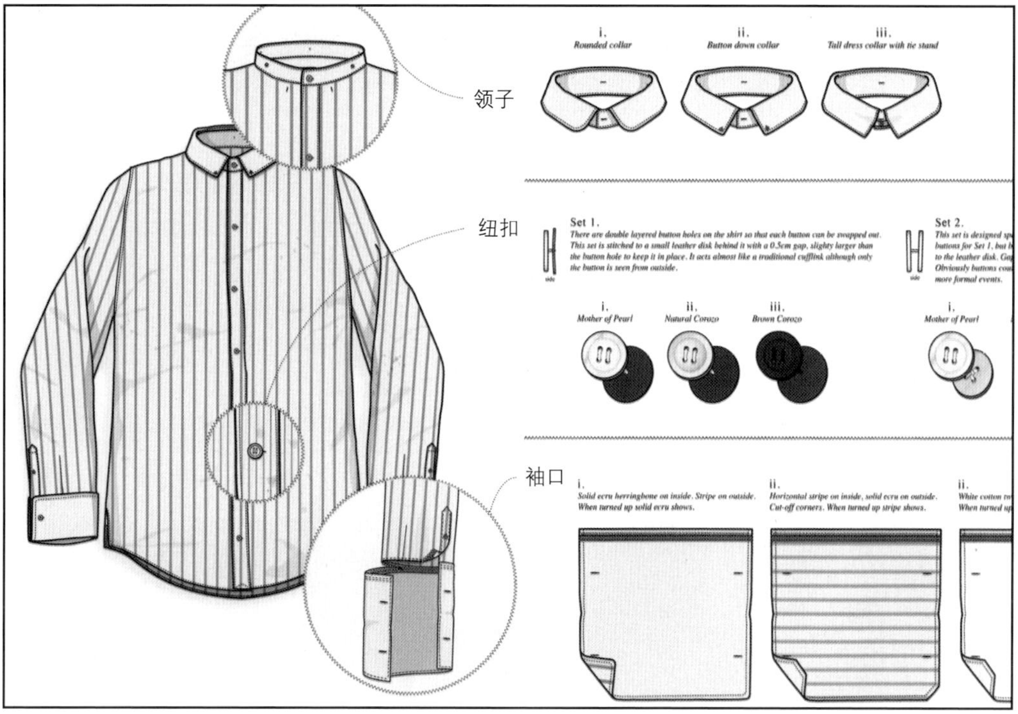

领子

i. *Rounded collar*

ii. *Button down collar*

iii. *Tall dress collar with tie stand*

纽扣

Set 1.
There are double layered button holes on the shirt so that each button can be swapped out. This set is stitched to a small leather disk behind it with a 0.5cm gap, slighty larger than the button hole to keep it in place. It acts almost like a traditional cufflink although only the button is seen from outside.

i. *Mother of Pearl*

ii. *Natural Corozo*

iii. *Brown Corozo*

Set 2.
This set is designed sp
buttons for Set 1, but h
to the leather disk. Ga
Obviously buttons cou
more formal events.

i. *Mother of Pearl*

袖口

i. *Solid ecru herringbone on inside. Stripe on outside. When turned up solid ecru shows.*

ii. *Horizontal stripe on inside, solid ecru on outside. Cut-off corners. When turned up stripe shows.*

ii. *White cotton tw*
When turned up

设计由艾尔·史密斯(Ali Smith)提供

衬衫的设计精髓不仅表现在板型上，还有其所使用的面料、纽扣的材质，以及扣眼的处理手法上，同时还有衬衫表面的明线缉线的效果与长度等。衬衫的特点表现在其柔软且容易起皱，正式而有些刻板，在一些细腻的褶皱变化中衬托出实用而耐磨的特性。

服装作品——汉娜·厄恩肖
(Hannah Earnshaw)

平纹针织“上衣”以及T恤衫因为易于生产加工并且穿着合体舒适而一直经久不衰。

在女士背心基础上延伸出来的设计

Blouse 女士上衣

此类极为女性化的上衣与男士衬衫的发展历史几乎平行并进，是在女性们较为贴身穿着的内衣与背心的基础上衍生出来的。在女士上衣与连衣裙的款式特色中也保存以上特征。

女士上衣是一种非常有趣的混合品类，因为其一些细节部位具有男性化衬衫的特点。在19世纪的后期，男士衬衫上的一些设计特色开始逐渐被女装所采纳。

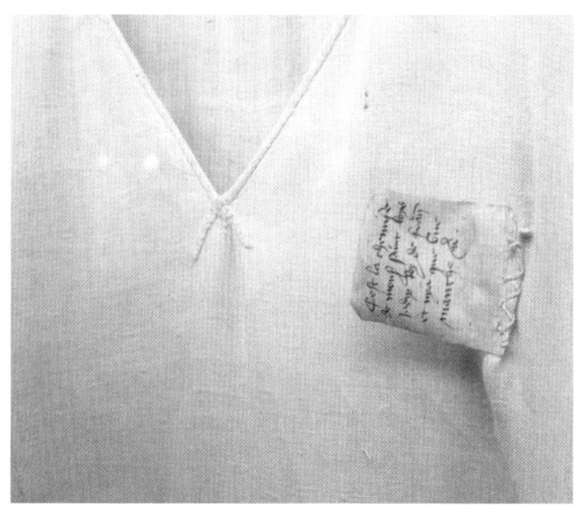

衬衫细节，在巴黎展出的圣路易国王时期（1214~1270）的宗教遗物。

服装作品——阿米莉娅·切斯特(Amelia Chester)

服装作品——丹尼尔·胡尔(Daniel Hull)

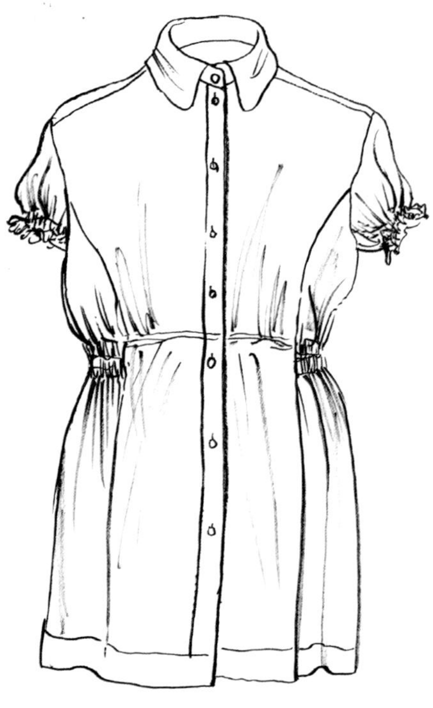

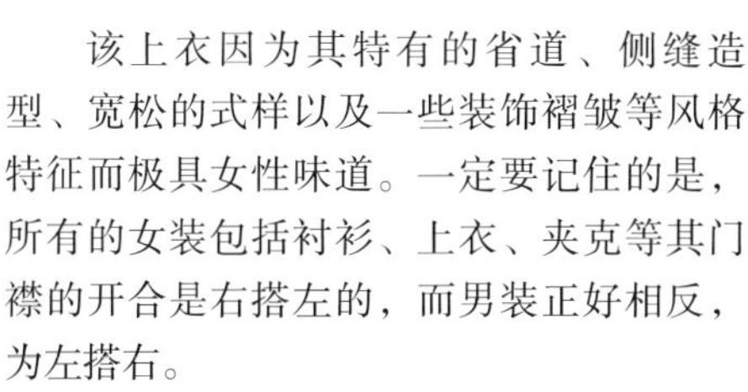

该上衣因为其特有的省道、侧缝造型、宽松的式样以及一些装饰褶皱等风格特征而极具女性味道。一定要记住的是，所有的女装包括衬衫、上衣、夹克等其门襟的开合是右搭左的，而男装正好相反，为左搭右。

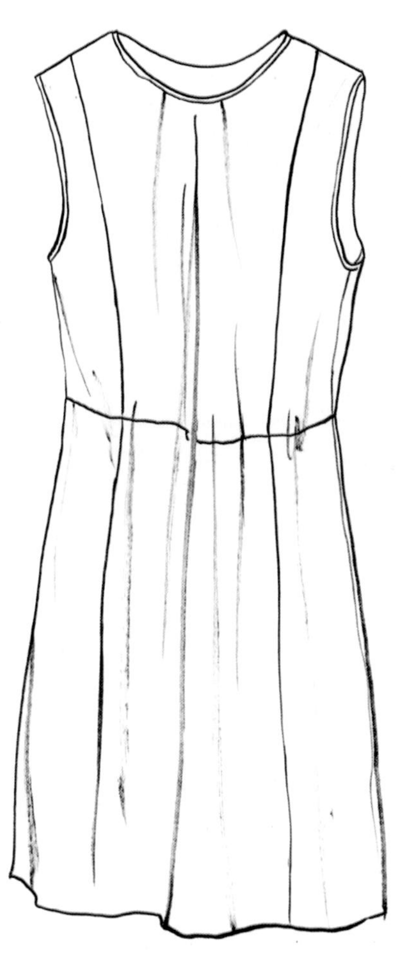

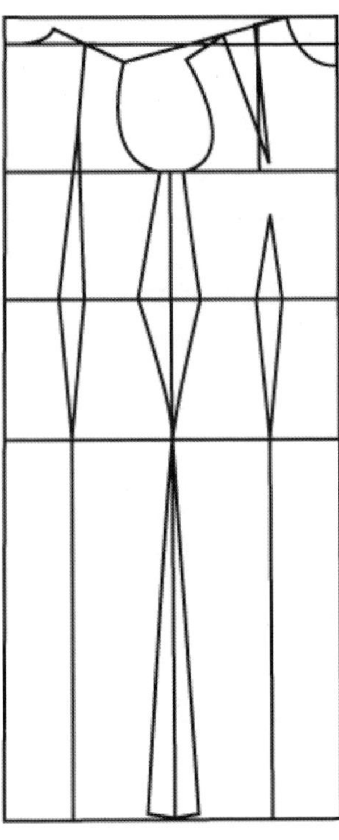

服装作品——维多利亚·可比(Victoria Kirby)

服装作品——莉迪娜·张(Ledina Zhang)

Dress 连衣裙

连衣裙的范畴较大，从具有一定容量造型感的针织裙衫到非常紧身合体、结构感极强的裙衫等。

自20世纪以来，连衣裙的结构变化主要取决于大规模生产方式的需要与转化，已经和传统中的手工艺服装制作和剪裁技术等大相径庭了。板型裁片中有省道或者没有省道的，有完整的连身裙造型的或只有裙子以及上衣的，这些板型都被清晰地结构化了。

最初连衣裙被结构化处理是从省道开始的。如何让面料贴合上半身，收合腰部的同时保持平衡？如何令面料紧贴腰部同时又保持其丰满的造型感？

连衣裙中袖子的板型一般为比较适中的造型并附以较深的袖窿，以方便与不同结构的袖型进行组合，如蝙蝠袖、斗篷式袖型、套袖等等，或者从人台上获取悬垂感较好的袖子，或者塑造具有雕刻般造型的袖子。

所挑选的连衣裙从紧身合体的到富于松量有打褶效果的，可谓造型各异。

款式中有衬衫式连衣裙、背心式连衣裙，以及用斜裁的方式打造的连衣裙（请参考第105页的斜裁）。

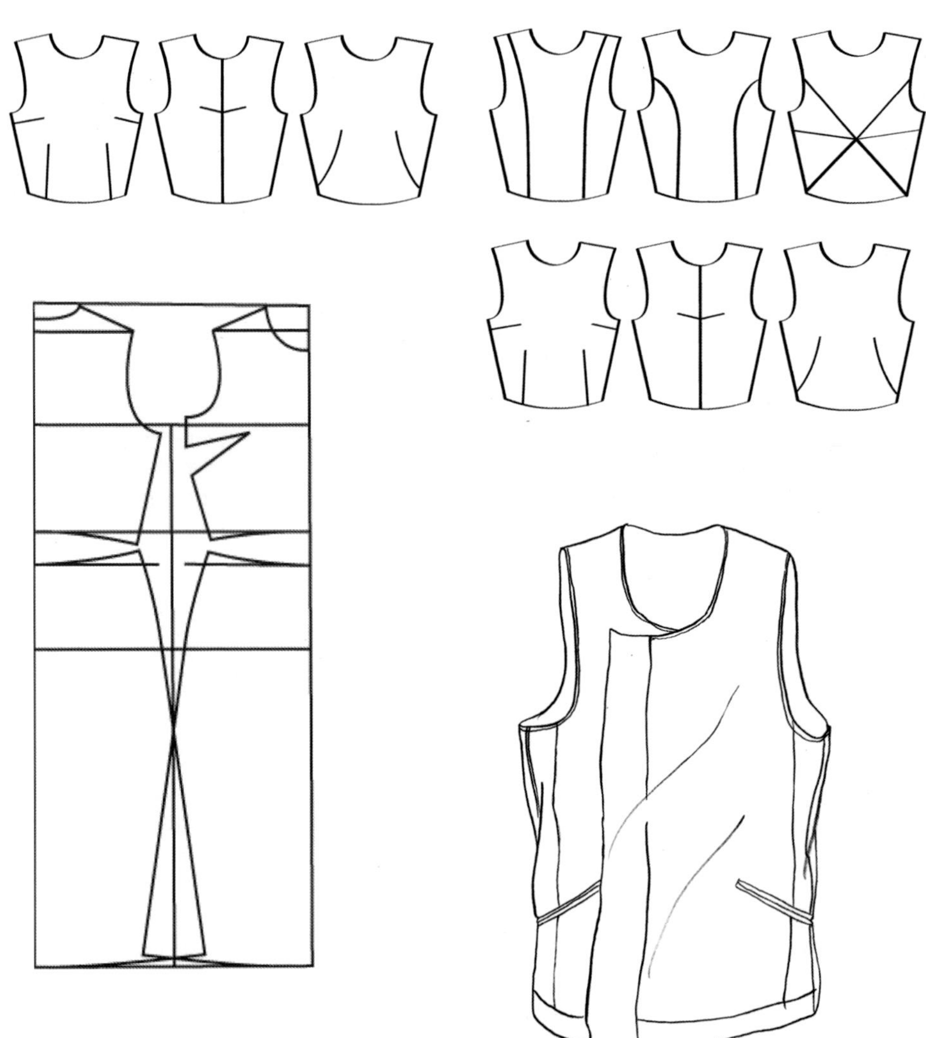

Bodice 女士背心

我们现在所说的女士背心是针对连衣裙结构特征而言的，即女士背心是去掉连衣裙的袖身与裙身的上半部分。作为其基本式样，该款式应该具备一定的装置来控制面料的收和放，从而设计出符合上半身造型、比较合体且面料摆放正确的式样来。

在进行平面裁剪处理板型时，可以通过一些方法如省道、作缝、聚合或减缓一定松量或者是以上诸方法的结合而获得理想的板型结构。在面料的斜向裁剪中，也可以得到较为合体的造型。一些款式不一定与身体非常贴合，而设计中适当采取如束合等手法，可以加强整体协调感。

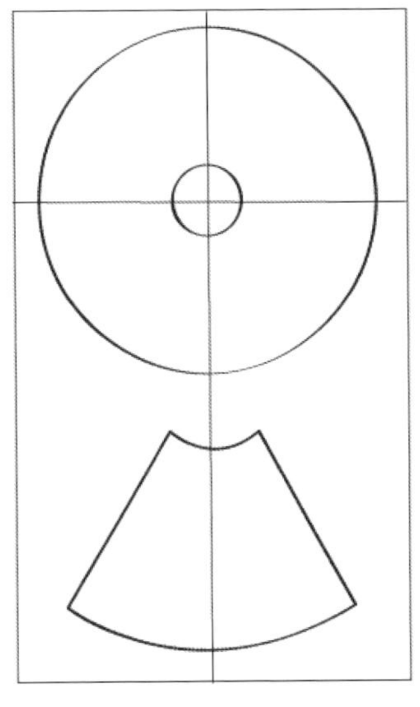

服装作品——汉娜·凯斯· 西赖特(Hannah Casen Seawright)

Skirt 裙装

西服裙的板型裁剪在腰与臀处以曲线造型完成，并在腰处收合，使得裙子的造型与身体的曲线特征相协调。裙装基本形状为筒形，当然也可以扩展成圆筒状，如很多民间流行的裙型即是基于此式样的。

裙身主要通过四片、六片或八片等被分解的裙片进行组合而得，在臀线处的育克或叠层设计，使得丰满裙型的褶皱等处理可在腰线也可以在底边线上。斜裁的裙子看起来会非常垂，同时还紧附身体，并提供一定的活动量方便运动（请参考第105页的斜裁）。

Jacket 夹克

在几百年的时间里，经久不衰的夹克从多个方面获取变化的源泉而得以发展。夹克因其娴熟的裁剪与工艺技术使得服装的剪裁艺术达到了巅峰状态。

剪裁完美和熨烫精良的羊毛织物打造出穿着舒适、合体且褶皱较少的服装。羊毛织物有很好的特性：它极易恢复形状，通过加热或蒸汽处理有较好的塑型能力，这些品质使得裁缝们在制作插肩袖以及领底部位时能够做到非常精美，同时表面的贴边也极易打理。多层的里布通过一定的方式聚合在服装面料的下一层，使得服装更为结实并具有造型感。最为重要的是，穿着者的体貌特征由此而被凸显出来。

军装以及海军制服对夹克的影响最大，这些服装有双排扣外套、莱福紧凑夹克、轰炸机外套、飞行员夹克、水手短外套、战壕外套以及战地夹克，还有防弹背心。传统的一些运动诸如狩猎、射击以及垂钓等拓展了夹克的一些功效设计，如粗呢制骑马外套、狩猎服装“打孔”处理、猎装、诺富克短外套。民族与民间的服饰文化为夹克提供了更休闲并赋予保护的一些素材。如来自北美爱斯基摩人的因纽特人的带风帽的厚夹克雪地衫，作为一些滑雪服、登山服、打包工装服以及带风帽的风雨衣等的基础而被采纳。一些动感强的运动夹克占据了大范围的市场以至于日常服装也受到了运动装风范的影响。运动类服装其科技含量在超轻超薄、防水性能以及透气性上的技术发展为此类服装提供了更多的优势。

服装作品——达尔西·德赖登(Dulcie Dryden)
在传统的翻领和兜帽的基础上设计的连翻帽领夹克

服装作品——斯泰西·贝格斯(Stacey Beggs)
传统的剪裁配以创意的装饰

服装作品——麦克斯威尔·霍尔姆斯(Maxwell Holmes)
（男士在正式场合穿的）礼服夹克

对比两件男士夹克：一件为来自于盖恩斯伯勒绘画的英国“摄政时期”的夹克；一件为经典的粗花呢单排扣夹克。

在爱德华时期，随着对男装衬衫的借用，女装也开始了对夹克的接纳与采用。这种具有男性化特征的时尚造型一直持续到20世纪初期，在高级时装设计师夏奈尔、朗万、沃斯的推波助澜下得以进一步推广和流行。在战后的一段时间里因配额的影响女装发生了变化，而更重要的原因是经过战争的洗礼，女性们更加重视在劳作中服装的实用性能。可可·夏奈尔的大量设计受男装中运动风范以及工作类服装功能性设计的影响，并增加了一些休闲而惬意的设计元素。随着裁剪类服装趋势的逐步发展，如夹克、套装等式样越来越成为1940~1950年期间女性衣橱的主打品。在杰奎琳·肯尼迪的大力推崇下，夏奈尔套装成为1960年代早期绝对经典的流行主角，生产厂家需要从巴黎购买该套装的板型才能允许批量生产。裁缝行业也逐渐从独立的缝纫店走向大规模生产企业。

女装开始受男装裁剪风格的影响。伊夫·圣·洛朗将男装错综复杂的风格造型如半正式的无尾礼服引荐入女装，其中于1966年发布的著名的“吸烟装”即是这一类设计的缩影，并于1975年以一种极为代表性的形象出现在摄影师赫尔穆特·牛顿的作品中。

量身定制的夹克无论是针对男性或女性，都保留了相对正式的一些服装要求。一件正式的定制夹克总体造型要求合身，在领、翻边、肩线以及底边线上略有一些微妙的变化。袖身结构可以是一片袖或两片袖。重要的变化在门襟处，如单排扣或双排扣，“侧体”大身包括了前肩部分、腰间斜插省道部分以及从后腋下过来的一嵌版。由不同几个版面组合的夹克在作缝处理中有支撑物件，这样可以保证在前片与侧片间斜向插入的一个贴边口袋的稳定性。一件比较运动感的夹克设计在板型上更多依赖省道的变化而不是每个版面的变化来达到服装合体效果。骑装夹克的后背设计一直包住臀部，在后背上有一较长的开口来帮助骑手调整坐姿以及增加灵活性。女装式样在腰部有一作缝分割线，帮助打造臀部周围较为女性的线条。

经典嵌面单排扣夹克

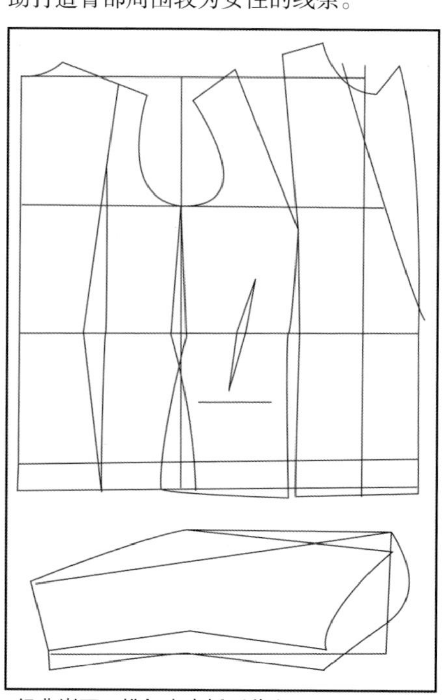

经典嵌面双排扣夹克板型草案

上图：摩登夹克配以军装复古细节
下图：灵感来源于军装飞行员夹克

服装作品——凯莉·邓恩 (Kayleigh Dunn)

源于军装风格的夹克
上图：军装战地夹克
下图：经典双排扣定制夹克

服装作品——卡罗琳·罗兰 (Caroline Rowland)

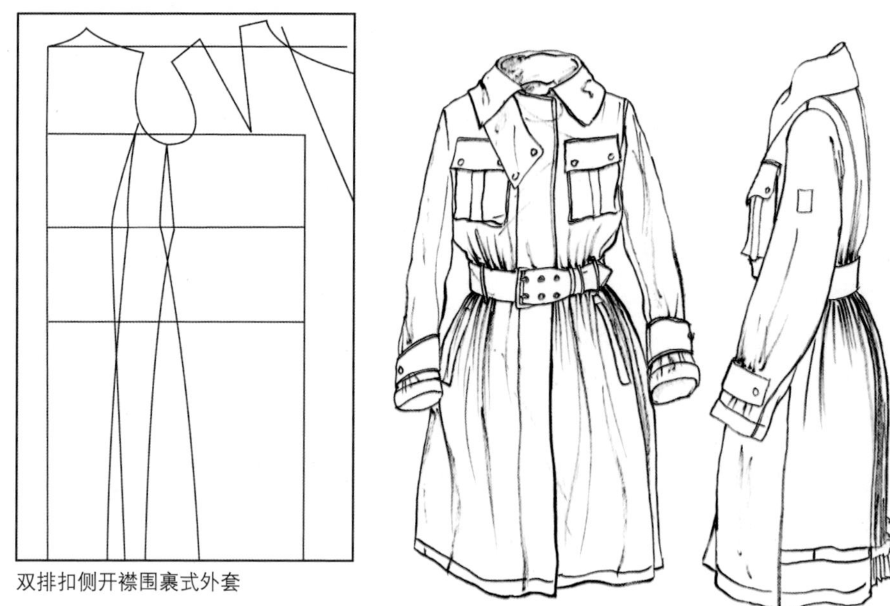
双排扣侧开襟围裹式外套

Coat 外套

一件长度及膝的外套一般称之为大衣外套，因为往往在这样的大衣外套里还有一件外套，通常也叫它夹克。上衣外套一般是长度较短且不超过膝盖的外套。大衣外套服装式样在18世纪后半叶被运用于军事服装，而在第一次世界大战时成为重要的服装品类。厚重的长大衣外套与风衣外套一直被认为是一类经典的设计，但是在1940~1950年期间，由于被认为不太实用而不再被军装所采纳。海军制服外套如水手短外套和粗呢制服大衣为传统的双排扣外套。水手短外套以宽阔的翻领和厚重的羊毛质料以及金属纽扣著称。粗呢制服大衣外套由粗犷的呢料制成，在厚重的呢料服装门襟上使用的是一种棒形纽扣来拴牢开合的部位，它便于海上航行戴手套时的服装穿脱。很多类似的款式包括军装式样的厚重长大衣外套，是在战后由一些年轻人和学生推崇并流行开来的，而这些大衣外套被购买时是较为廉价的甩货。

外套的板型体系特征与夹克的板型有着非常相似的地方，但是一些部位略显宽松、袖窿更宽大。经典的几片身板型构成的夹克基本上比较合身，正前方的开合比较偏向一侧而使得服装的正面看起来更为平整和挺括。一种非常经典的双排扣长大衣在前片有较深的省道（其中一个一直到领线部位），前面两个省道和后侧背的处理打造出非常阳刚的男性特色。一种名为阿尔斯特大衣的肩部配以简练的省道，大身的腰部通过腰带的辅助造就出合身的效果。风衣外套有着其一直具备的特征，如前片独立的防风雨门襟结构，在肩部以及袖口部位配以D形环状物起固定和防护作用。

很多公司在过去的几十年中针对这类经典的款式一直遵循着传统的设计法则，因而其变化幅度不大。

一些运动服装和功能性的服装在基于较为宽松的衬衫基础上打造出合身的式样，袖子多用连肩袖或插肩袖，大身上一些可延伸的板型部位营造出富于活动的空间（参见114页）。

服装作品——凯莉·邓恩
(Kayleigh Dunn)

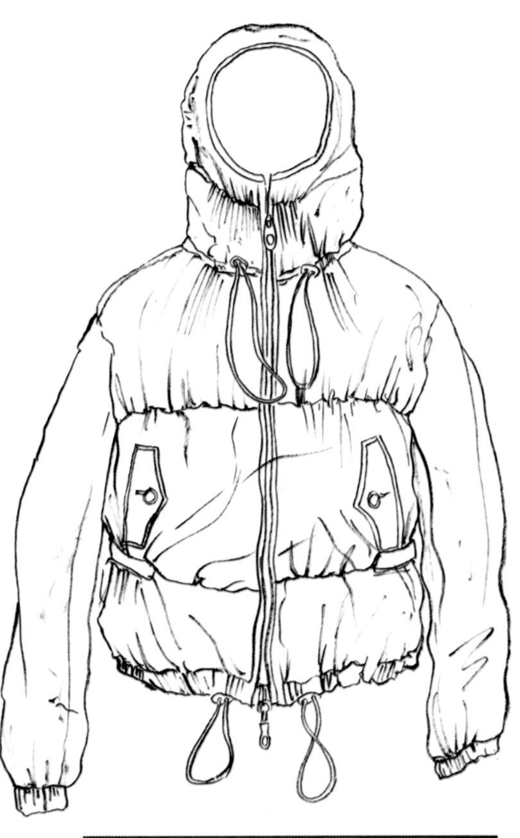

服装作品——米丽娅姆·苏伊斯
(Miriam Sucis)

服装作品——麦克斯威尔·霍尔姆斯
(Maxwell Holmes)
大衣外套设计源于复古摩托车手服饰

服装作品——阿里森·温斯坦里
(Alison Winstanley)

服装作品——妮可拉·摩根
(Nicola Morgan)

服装作品——阿里森·温斯坦里
(Alison Winstanley)

服装作品——阿米莉娅·切斯特(Amelia Chester)

Trousers 裤子

裤子有着非常有趣的发展史。今天我们所穿着的长裤对男性和女性而言都比较新式，它是一种男性在穿着及膝马裤后所渐渐采用的款式，而对于女性来说，最初是因为运动的需要而穿着裤装，但它在战争时期却成为了女性们的必需品。在20世纪70年代时，大众还是只能接受女性在一些工作场合穿着裤装。

裤子的种类繁多，从简单的、在穿着过程中易产生褶皱且平面裁剪的裤装到之后逐渐发展起来的精工细作的裤装。对于一条裤子而言，它的宽度和长度、腰线的位置以及裆深决定裤装风格的主要变化，通常不同风格的裤装在其长度上只有些略微的不同，比如七分裤、短裤和马裤。

牛仔裤是一类比较特殊的裤装，其采用斜纹布的材质，晒干的方式，水洗的处理，铆钉以及线迹的缝纫都是牛仔裤自成一体且固有的组成要素。一些创造出经典牛仔裤设计的品牌，延伸并发展出诸多不同的仔裤裁剪和结构，有一些保持了牛仔裤的本来面目，另外一些则遵从了潮流趋势而展开设计。一些品牌专注于牛仔服装的开发，每一季都为牛仔服装的面料、后整理以及裁剪技巧注入新的设计。

“连身裤”款式比如像工装裤以及粗棉布制成的工作服等，这类裤装在设计时需要增加一定的长度和额外的松量，以提升穿着者在弯腰活动时或者坐下时的舒适度。

民间传统裤片裁剪

裁剪考究的裤片板型

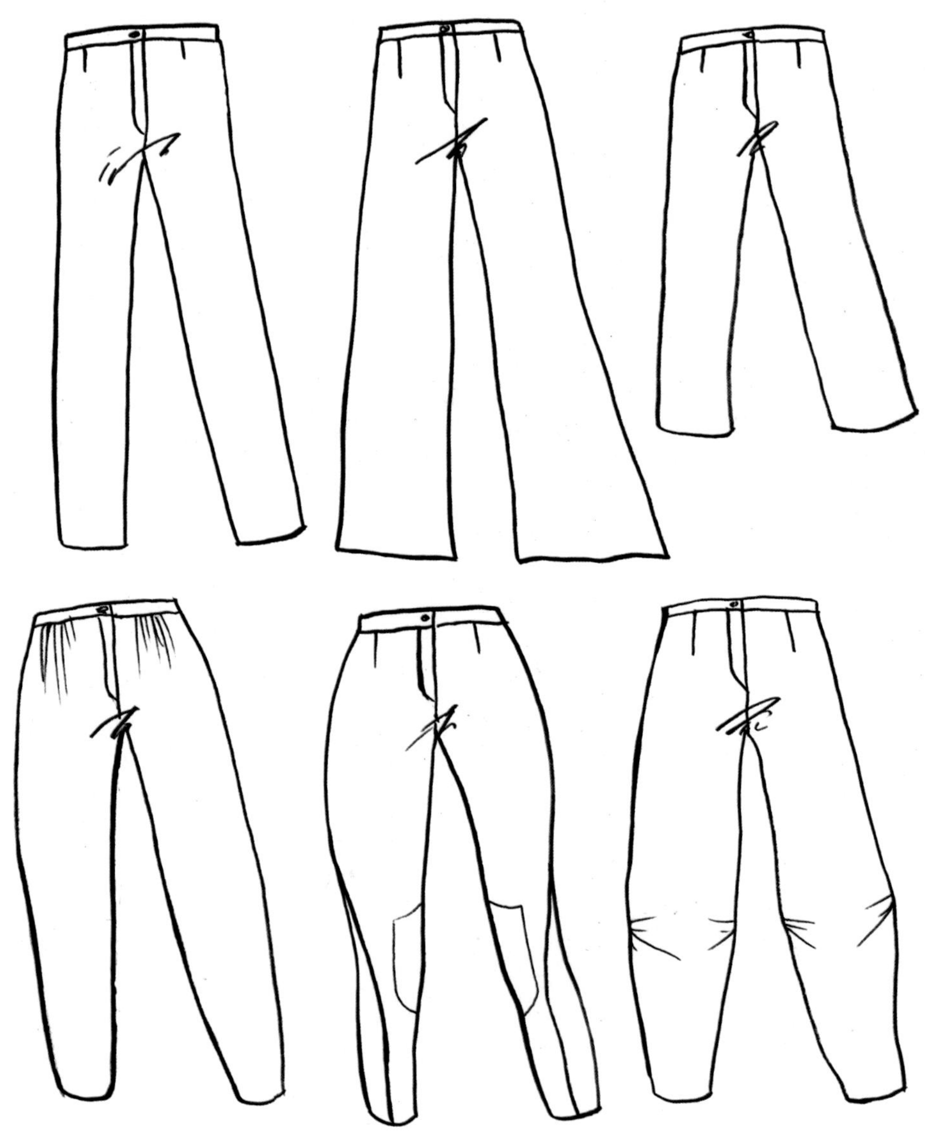

马裤的结构设计中，其接缝处理是在腿的前部而不是腿的内侧缝，这是因为这样可以使穿着者在骑行的时候感觉更加舒适。

在弹性面料出现之前，马裤有着非常复杂的板型，主要是在臀部和大腿以及后裆曲线的部分使用充裕的面料。

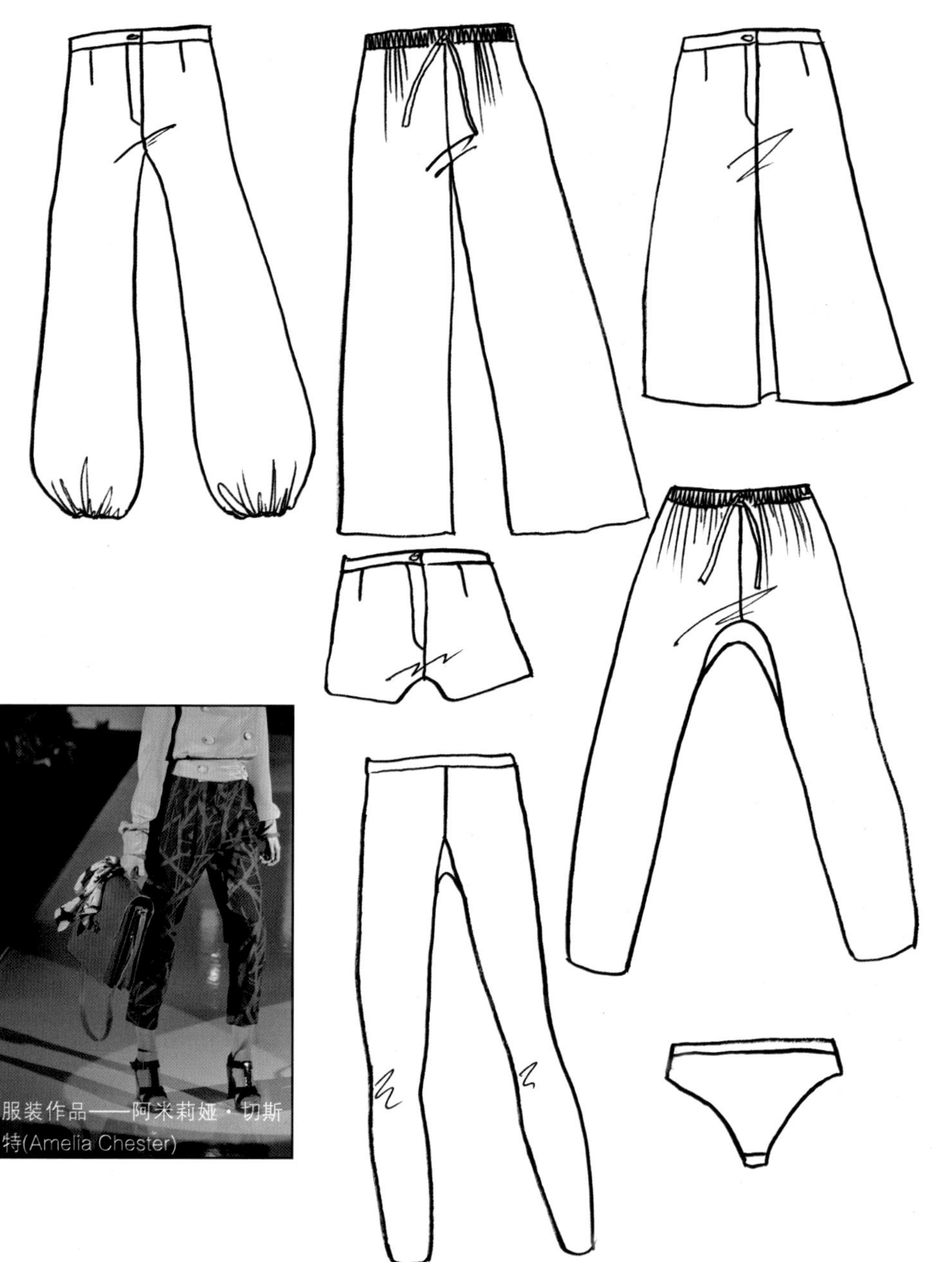

服装作品——阿米莉娅·切斯特(Amelia Chester)

紧身裤是由单一板型制作而成的简单的裤装，它是一种省略了裤子的侧缝只保留了前后贴身裤型的设计，这种风格的裤子只能使用弹性面料制作。三角形接布可以运用在需要打造额外运动量或易于塑型的服装上，例如衬裤等。

通常情况下，短裤并不是长裤的缩短样式，短裤的板型需要在腿部的角度上加宽来使其更加合适于人体结构造型。

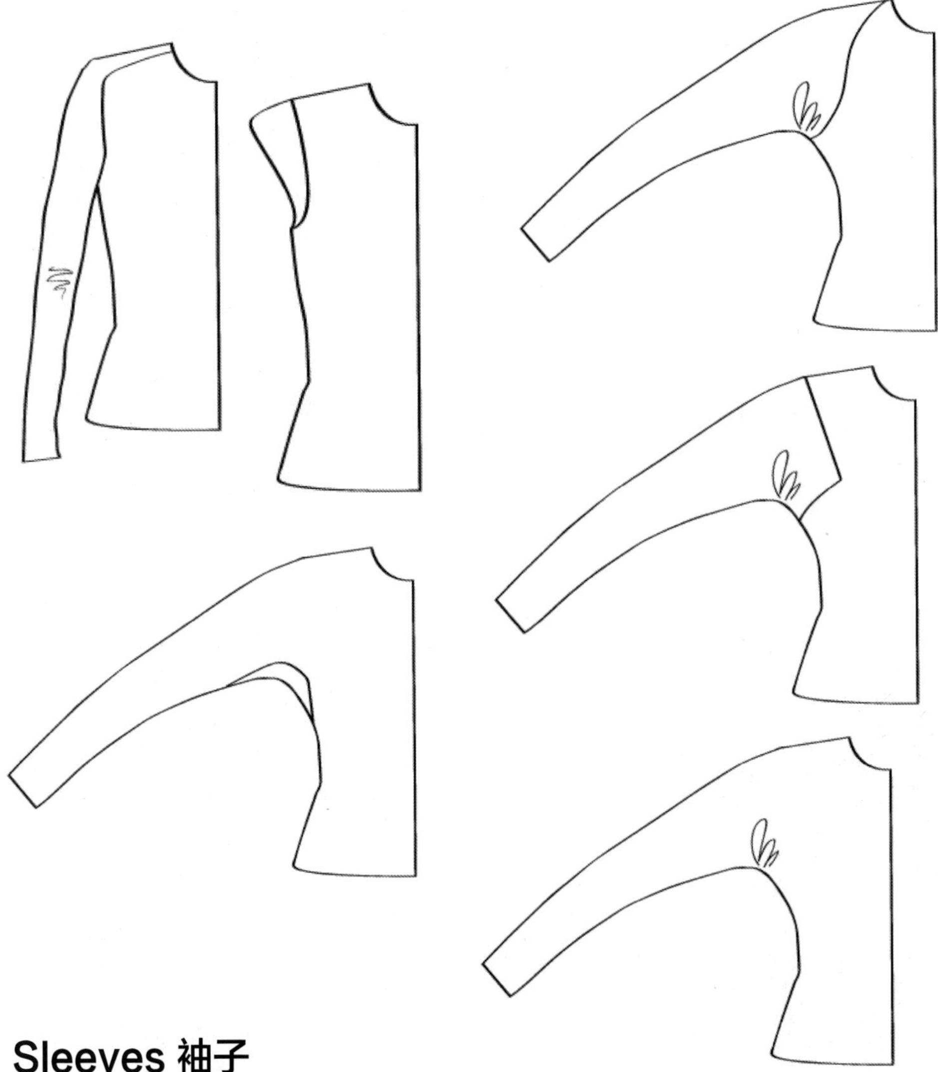

Sleeves 袖子

袖子的系列造型始于玛格雅袖型——当时的袖身比较简单，为一整片袖并与大身连在一起——这也开创了在胳膊处的折拢板型处理，并产生了两片袖身的裁剪，最终出现了非常合体的袖身板型。

袖窿指的是袖子曲线的形状和尺度，和袖窿较为类似的有裤子的上裆前后对比弧线，以及后背中缝的曲度与造型。

袖窿处需要保持一定的平衡，从而使胳膊在自然状态时袖身能处于较好的效果。因而在袖窿的前后分别要做“定位符号”或平衡点记号以便协调。

袖身上与肩部相接并覆盖在其上的这一部分通常比袖窿测量出来的尺寸要大一些，这样可以使整个袖子更为舒适而自在。这也导致了袖身肩头处略微凸起的造型效果，也正因为是这种造型才使得袖子在穿着后活动时更为自如。

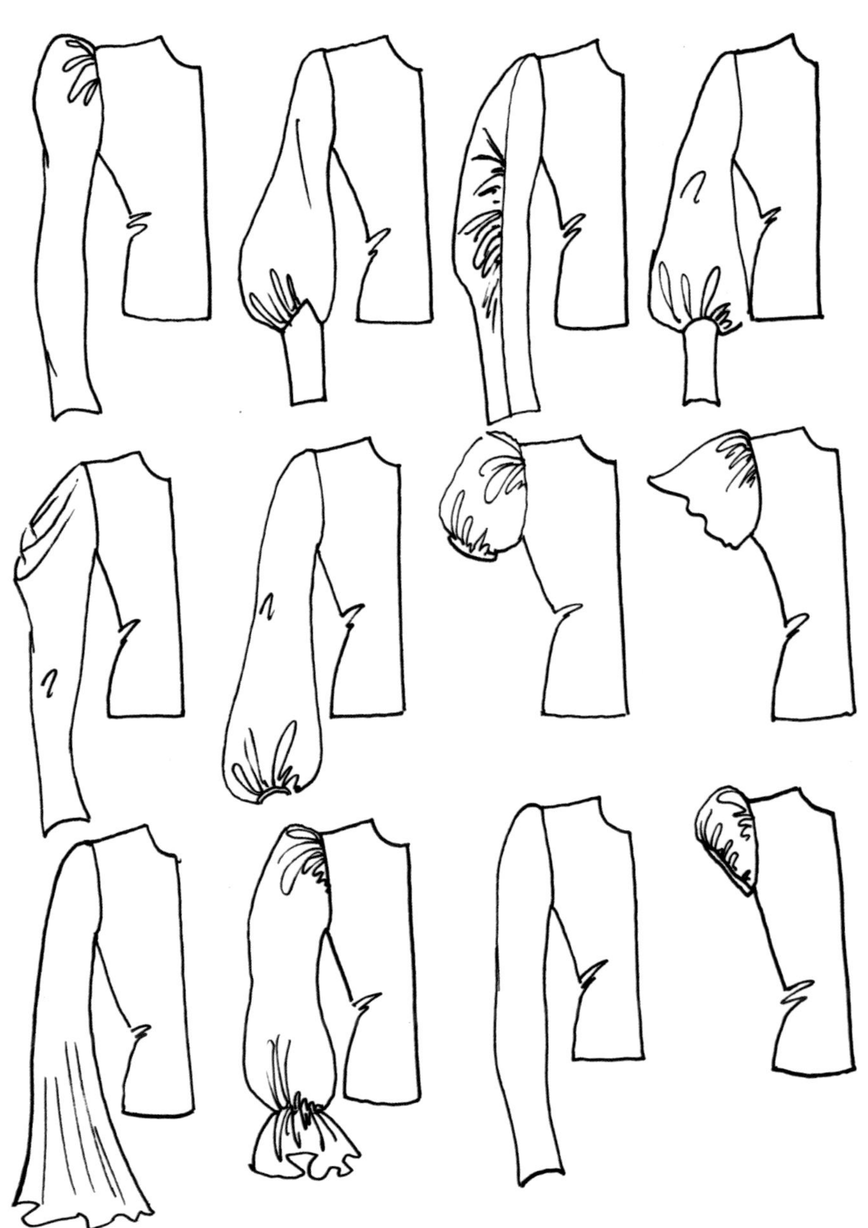

玛格雅袖型存在一些问题，需要在胳膊的下方补充额外的一些面料才能获取袖身活动量，这种袖型由于增加类似披肩式的作缝线以及内接三角片等处理而营造出简练利落的造型线条。

两片袖的袖型可以使胳膊肘在弯曲时更为自然，同时袖身也更有型。一片袖的袖型通常用于较为精致的裁剪和设计考究的款式中。

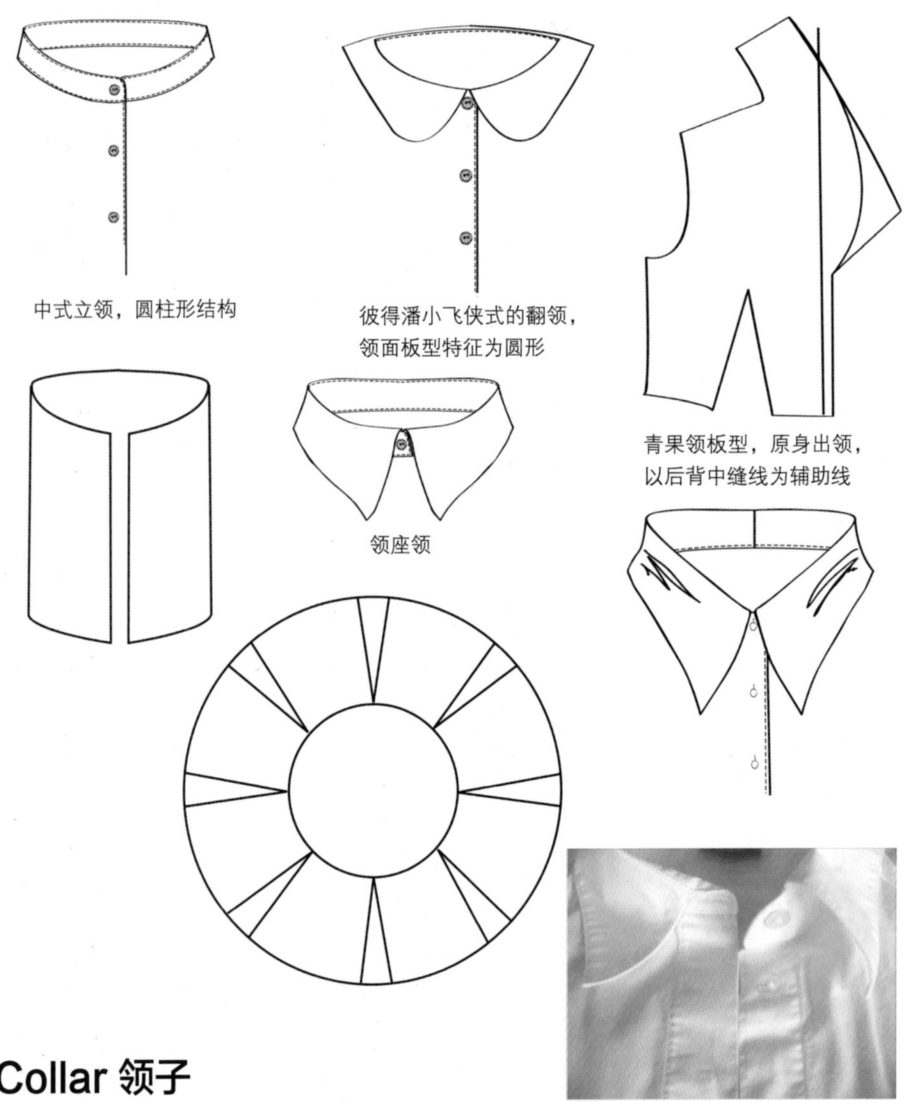

Collar 领子

领子一直是以一种既实用又具装饰性的方式来完善服装设计的，并衬托出脸部的轮廓造型来。衬衫领的演绎从拉绳领到衣带领，进而最后发展成可以翻折下来的衬衫领。

领子的板型结构由两部分组成，一端为类似立领或中式领支撑立起的柱形部分，另一端为平翻出来的领子部分，例如小飞侠领子的造型。介于这两类之间的还有很多富于变化的由领座部分与领面部分结合的领子，在基本的领座与领面上也有很多不同的造型，由此而组成了丰富多样的领型。另一类型的领子，其领座与领面是完全分开而独立的两个板型，或者是看起来像一个整体实际是分开的领子造型。还有一些领子是领线富于变化的造型领，它们可以是被加固而非常有型的领线领，也可以是采用斜裁的方式塑造出柔顺而悬垂感较强的领线领。

服装作品——麦克斯威尔·霍尔姆斯(Maxwell Holmes)

服装作品——米丽娅姆·苏伊斯(Miriam Sucis)

领与翻领板型

连帽领作为此翻领组成变化的一部分，是由领线提供了基本的板型依据而产生变化的。

经典的外套和夹克多少有些军装以及海军制服的影子，在这里我们看到的领子结构是由外套大衣一部分延伸的结构所造就的，领子翻折出来的量也取决于外套是单排扣还是双排扣造型。

领子翻出来的前半部分以实用为主并完善于服装的开合门襟处，而翻出来折向后侧的领子部分则具有装饰的特征，这也影响到了领子板型的造型效果。

Prototypes 原型设计

设计过程中将纸面上二维效果的图画设计理念转换成三维的原型样衣是成功的设计被付诸于实现的过程。原型样衣也被称为“坯布样衣”。

在时装历史长河中不同时期里，由于一时风尚的兴起，服装造型与人体的合身与否或被认为举足轻重，或是无足重轻。很多服装设计都采用不同部位与身体相贴合的手法，或者是上衣，或者是臀部、袖身，也许是全身。由此我们可以看出，要想设计好一件具有三维立体效果的服装，了解面料与人体之间的关系，特别是如何通过裁剪来加强造型感，同时又最好地演绎出面料的品质是相当重要的。这种技能需要多次的积累，其经验不仅来自于对各色面料性能以及其局限性的了解与熟悉，同时还需掌握有关裁剪、人台模特与人体造型等方面的知识（参见第62页设计的过程——了解面料）。

将二维转换成三维的过程需要不断地尝试与实验，并不断演绎。通常我们要借助于人台或模特来检验坯布的设计是否合身于人体。一般情况下这种坯布多为白色的棉布或是较薄平纹细布，因为这类面料比较结实，同时在上面所做的处理能够显而易见。在实际操作中，所使用的“坯布”最好与你所选择的面料特性比较接近，特别是有弹性的面料，无论是双向有弹性还是只有一个方向有弹性的，都需要被注重并模拟其效果。在批量生产的相应阶段，所选的面料是有倾向性的，也被称为第一版样衣。

在一些时装公司里，有专门从事样衣制作的人员，其职责就是将二维的图稿转化成三维立体的实样。

在原型样衣的这个阶段，很多设计上的有关决策或是相关更改都要既符合审美效果，又注重造型感与功能性的体现。

当使用坯布在人台或模特身上进行样衣设计时，继而需要考虑的是对面料的掌控以达到较为完美的服装造型，当然还有诸如造型接缝线、口袋的位置以及其他细节等。

在坯布样衣上可以别上一些黑色的条带以加强线条的效果，这样可以辅助评定服装上的作缝线以及饰边线是否合乎比例。在坯布样衣上也可增加一些新的线条或是一些注释等来更好地完成设计。

如何打造原型样衣

为了使服装更为合体，首先要了解人体。作为一件服装其成功设计的因素之一就是协调感，需要从服装的腰身部位出发来感知。这也是一种在腰部将多余的面料剪去或抚平的方法。涉及的原理是两点间的连线中，曲线型的连线要长于直线型的连线。由此，设计中的线条长度要有所保证，特别是服装造型线中针对人体自然弧度曲线造型的一些线条要保证足够的长度。仅仅是在侧缝处将多余的面料剪掉是不可行的，因为人体的造型是多面体，需要在身体的侧面、背面以及前面作充分的考虑才能塑造出前胸腰以及后背中的曲线来。

当在分析人体的体态造型时，尽管测量到的数据是一样的，在进一步的构造中确有所差异。高级时装店会根据客人的身材来打造尺寸比例非常接近的人台模架，用于完成样衣制作。在高级成衣里，一些样板被用来针对不同的客户群。例如服装公司里样板被分为不同的用处，一些小号样板是专门用于亚洲市场的。

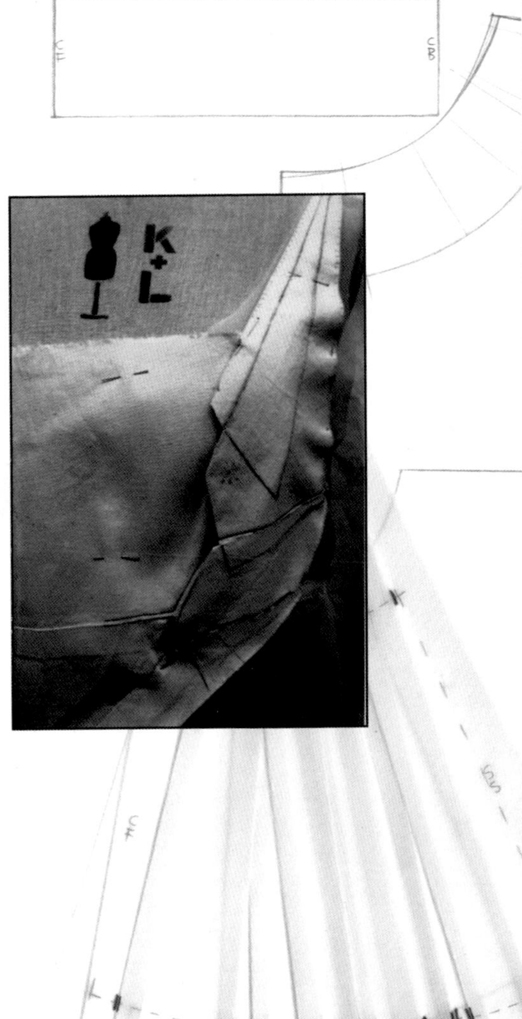

服装板型研究创作精选——汉娜·凯斯· 西赖特
(Hnaanh Casen Seawright)

设计过程——原型设计

平面裁剪

此种手法通过将布料裁剪开来并以缝合的方式制作成为适合人体造型的服装，同时保持面料的良好悬垂感。平面裁剪不仅被批量生产所采用，并且随着大批量生产的发展而不断完善。这种方式通过以基础纸质样板来提供适合并与人体相协调的服装板型，在保持匀称效果的同时注重腰部收放的合理性。板型的样板制作是在一定的参数指导下，配合发挥具有创建性的鉴别力来完成的。之后，可以采用坯布在人台上打造出适合人体服装造型的样衣来。

服装样板是根据品牌既定的目标客户消费群以及产品风格来设计的。用于生产与制造的人台模架是需要经常更新换代的，因为随着目标人群受环境因素以及饮食营养因素等的影响，人们的体格也在发生变化。针对当代时尚风潮中有关人类体貌特征的信息在此阶段也需酌情考虑。

板型设计可以在已有的样板基础上成形，也可以根据一定的指示说明来创建自己想要的板型设计。

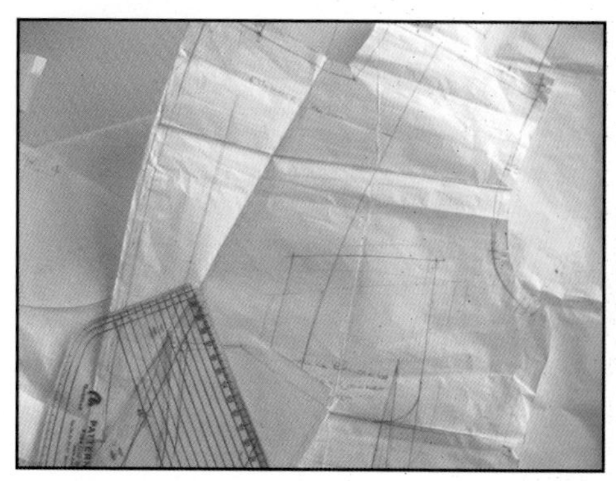

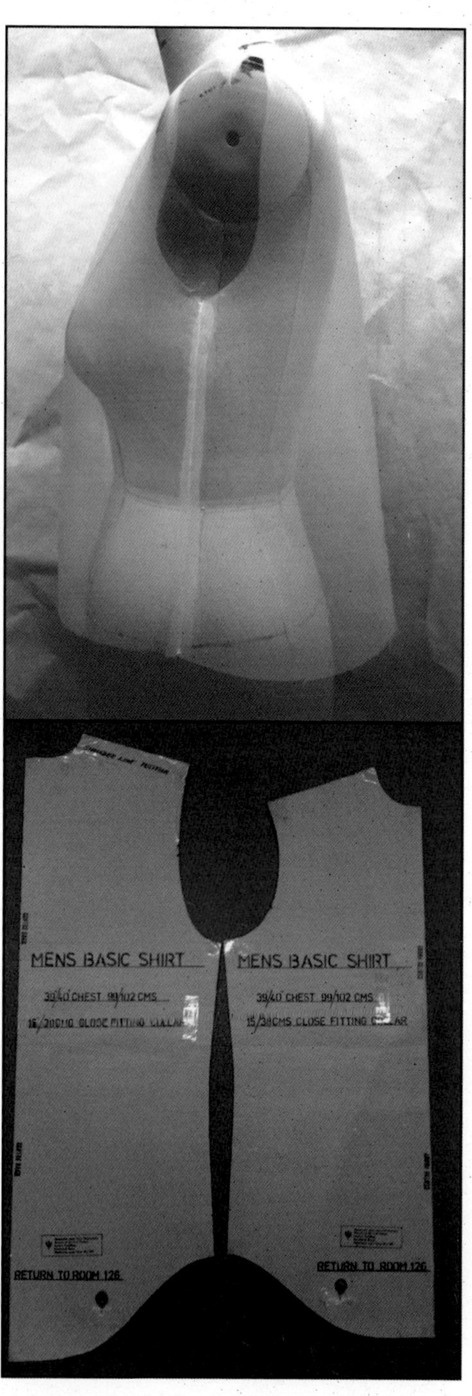

另一页：白坯布样衣，于人台上注释标记的第一手坯布样品。

K·L
WOMENSWEAR
JACKET
ONE PIECE SLEEVE

坯布样衣立体造型

进行服装设计时也可以直接将布料披挂在人台或人体上进行造型来完成。

对于一位有经验的坯布样衣制作者而言，在人台上进行立体造型，同平面上的板型制作一样精准和简练。一些最重要的实操手法包括了如何将这些白坯布在人台上做良好的雕刻塑型，拿捏好其合体效果与整体协调感，并运用服装上的作缝和省道以及放松量来保证着装时的活动空间。

在人台上已基本完成造型的样衣需要做好记号，如在每个缝合的缝线上以及保持对称平衡感的标记处做记号。将别针去掉后，可以通过纸样将此造型进一步归纳。

这一手法对于采用立体造型的服装和一些较为复杂的款型是非常适合的。

上右侧：一类比较基本的人台造型
下侧：针对目标客户群进行调节后的人台造型
绘图中展示的是在人台上使用白坯布进行初期阶段设计时的工作效果

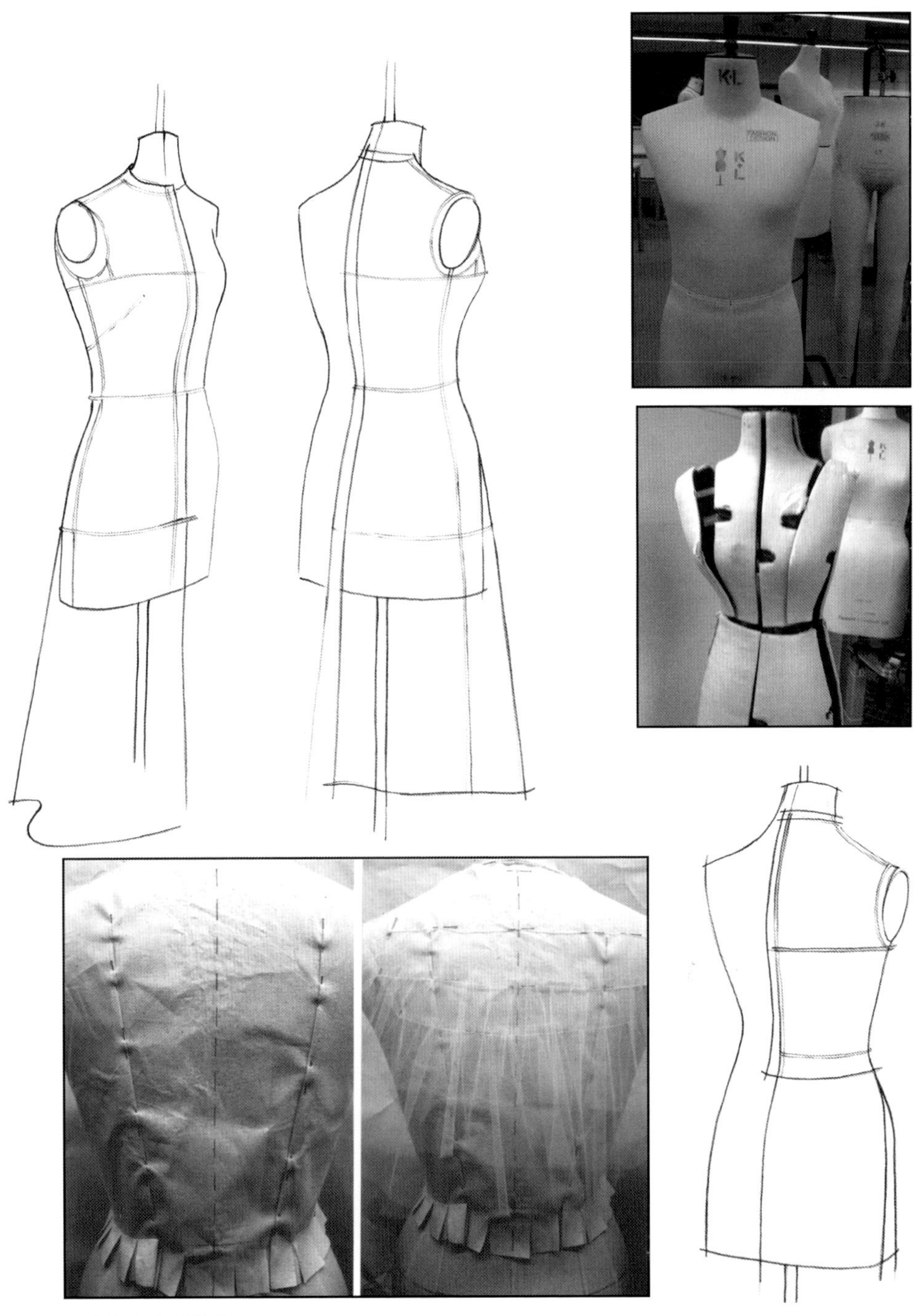

在人台上进行造型

面料织物纹理走向

大多数服装的用料纹理为纵向走向或符合布料的经纱方向，当然也按照人体自上而下的方向来进行，这样可以提供并给予服装必要的稳定性。经纱可以通过与布料织边相平行的方向来确认。

纱线从左至右进行织造并与布料织边成90°角的为纬纱。

沿着经向进行长度上的裁剪能够促使纬向上所具有的弹性将布料很好地依附在身体上。这样的处理可以在服装的肩部与臀部造就合体效果并营造一定的舒适感。

“偏出纹理”被用来描绘织造时产生错误的织物，如经纱与纬纱没有处在正确的角度中。服装在进行裁剪时如果无视织物的纹理将会损失惨重，例如裤子会裹住腿部而无法平顺。

同样，如果充分地利用了面料的这些可塑性，将会唤起更多的成功设计。

较有成效的板型在放置的方向上应多选择织物的垂直方向，除非织物为单向织造品，这样的话要求图案印花、绒面倾向以及织纹等都需要顺着一个方向来才行。

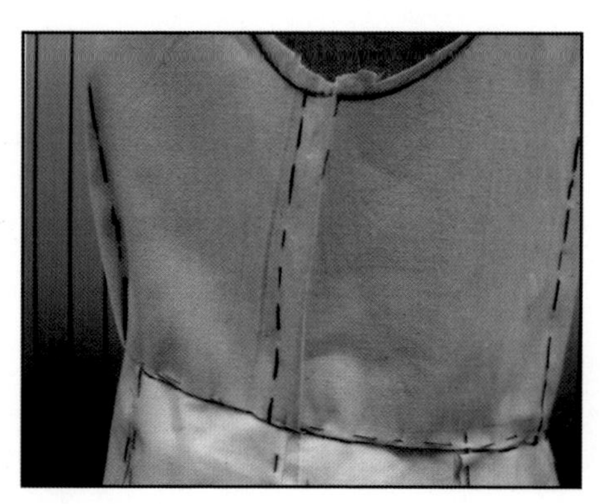

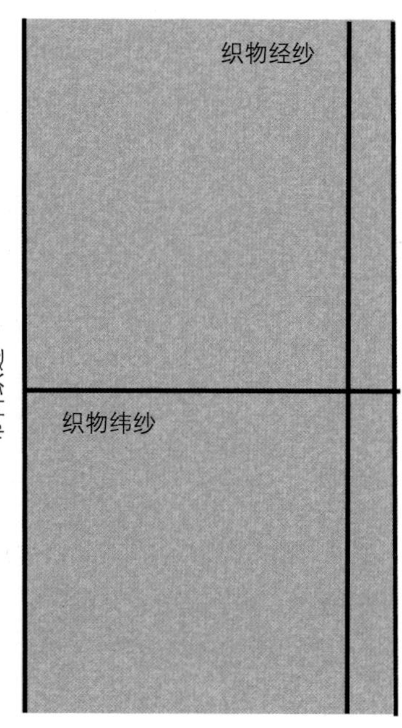

弹性织物

弹性织物和针织物服装上因为有较少的作缝与开合处理，从而营造出简练、舒适、合体的服装造型。弹性织物中特别是平纹织物的出现，给服装的裁剪带来了一场革命——仅依靠织物本身的特性就能制作出合体的服装，减少了复杂的多开身板样、作缝以及省道的要求。当针对弹性织物制作坯布样衣时，很有必要选择与最终面料较为一致的坯布材料。

内结构衬料

大多服装采用衬里布料来加强某些部位的造型，例如领子、袖子翻边处以及门襟开合处。里布通常采用多种方式以支撑较为精细或疏松的织物，它们往往能增加织物的外观效果，并打造出与众不同的手感及持久性。

斜裁

通过使用布料的斜向纹理进行裁剪，所产生的弹性效果远远超出了布料的纬向裁剪，斜裁多用于较为合体的服装造型中。

不需要使用作缝、省道甚至是门襟开合等就能得到非常合身的服装效果，斜向裁剪变得越来越时尚了。服装样板在进行裁剪时是以纬纱的45°角为垂直方向的。

斜向布料是这样产生弹性的：如果通过臀部的某一部分材料被拉伸凸起，这个部分的上面即会变窄凹下去。通常胸部与臀部的尺寸裁剪得比实际尺寸稍小一些，以减少服装在腰部产生的多余横向维度，同时增加服装侧缝处的长度，促使服装随身体的曲线而造型。如果臀部的裁剪比实际尺寸稍小，那么拉伸后的结构会导致服装的底边处呈凹凸起伏荷叶状的褶子。如果采用直向纹理裁剪，得到的即为地道的直筒造型。

斜裁经常被使用在女士内衣如贴身上衣、衬裙等款式中。女性胸罩的某些部分以及裤装一般不使用有弹性的织物，因为普通织造布料能够产生较为结实的开合效果。

斜裁也多用于领子结构中的曲线造型和翻折效果处，如用于风帽造型及弧线边缘的处理，打造多种褶边以及荷叶边的效果。

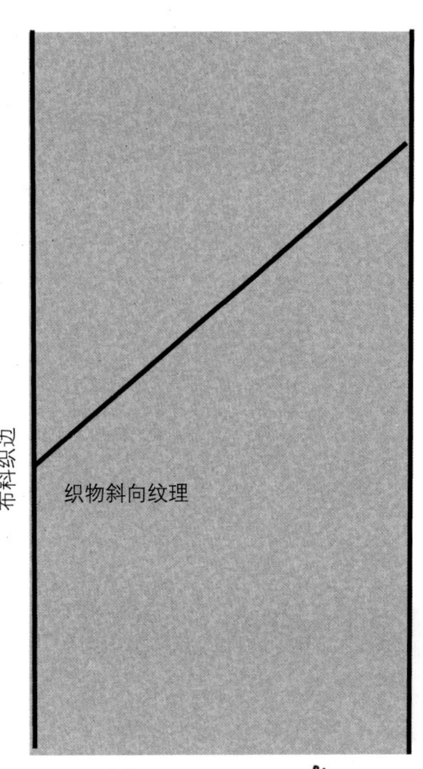

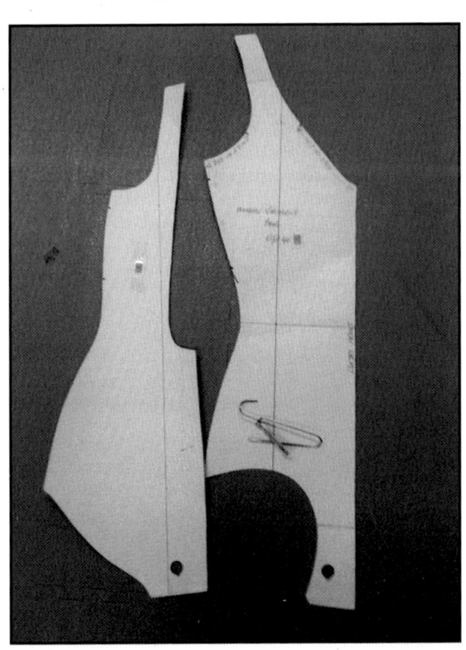

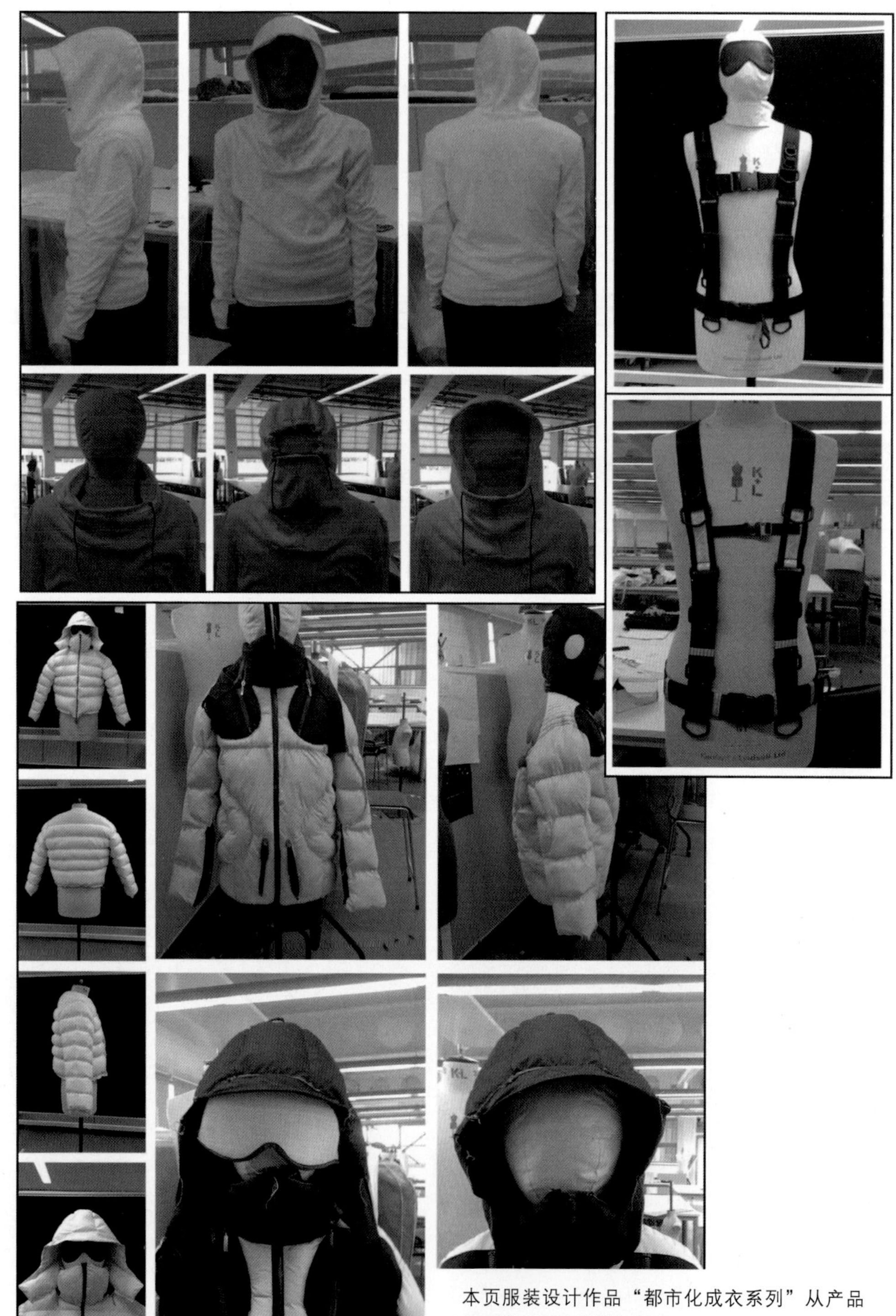

本页服装设计作品“都市化成衣系列”从产品拓展的不同阶段进行展示
由鲁克·理查德松(Luke Richardson)提供

Embellishment 装饰

服装设计中运用的很多装饰手法以及设计细节会随着时尚潮流的起起落落而不断更新换代，特别在某些时尚款式中体现得尤为明显。

在本书不同的章节内容中已分开讨论过有关装饰与细节的设计，而在实操中这两者的结合往往是密不可分的。装饰与细节的设计依赖于一些辅助的机械设备来完成，如电脑辅助设备等，可以由专家进行指导完成，或是由手工技术娴熟的艺人完成。

服装中的装饰运用可以由以下一些方式来完成：

- 如果是一般织造布料，表面的印染以及织物处理等要在裁剪之前进行，例如一些装饰有闪片的面料或印染布料。
- 裁开的裁片在缝合前需要进行图案、材质以及整理等处理，例如机绣图案设计、丝网印花、打褶设计。
- 在加工的过程中完善装饰设计，例如服装的装饰用衣褶、褶饰边、滚边以及表面装饰缝迹线等细节。
- 在服装加工完成后进行的图案图形、织物肌理等设计处理，例如牛仔斜纹布的水洗、多重印染、拓印设计。

以上所谈及的内容通常是在设计拓展的样衣阶段进行的，即实验阶段时的装饰手法要领。

当你把设计中有关款式造型设计、面料变化以及色彩方案等都敲定了以后，就需要着重考虑服装的细节设计了。这一阶段的工作里针对服装市场的当下行情和产品级别，还需要判断选择什么样的细节品质以及设计效果。

细节设计包括了很多内容，如褶边、荷叶边装饰、嵌条、口袋、领子、袖口翻边、扣合件、里子、滚边以及线迹的大小、颜色、针距。

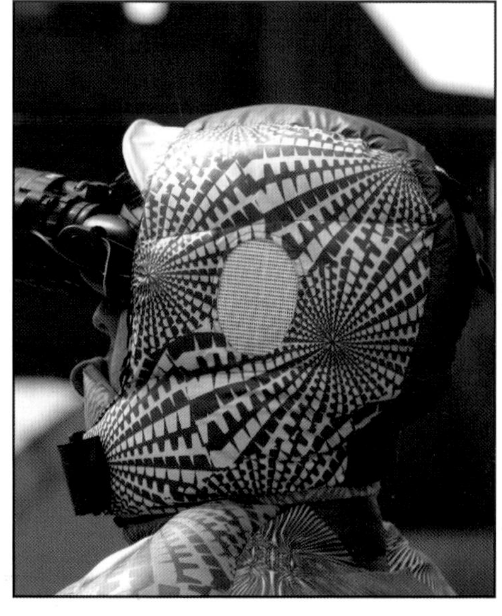

打褶装饰

为了将打褶设计充分地表现出来，要求使用一定量的面料以及适合的间距密度进行操作，同时每一褶皱在形成的过程中需要饱满而协调的纹理。打褶时先从布边开始缝合，并将裁好的各片转移到褶皱中（它们将永久地固定在织物中），打褶完成后再进行服装制作。

手风琴式褶

箱式褶

顺风剑褶

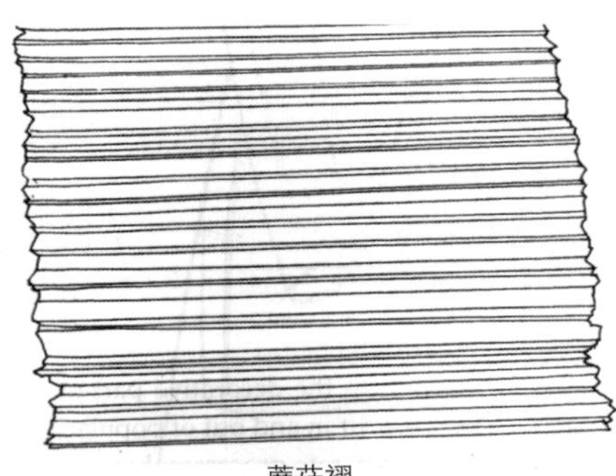

蘑菇褶

水晶褶

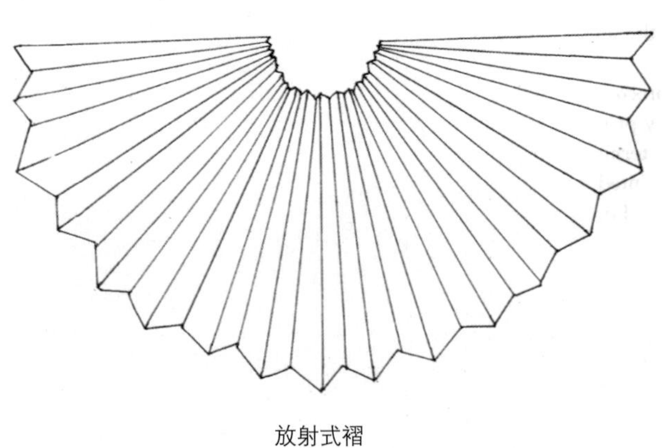

放射式褶

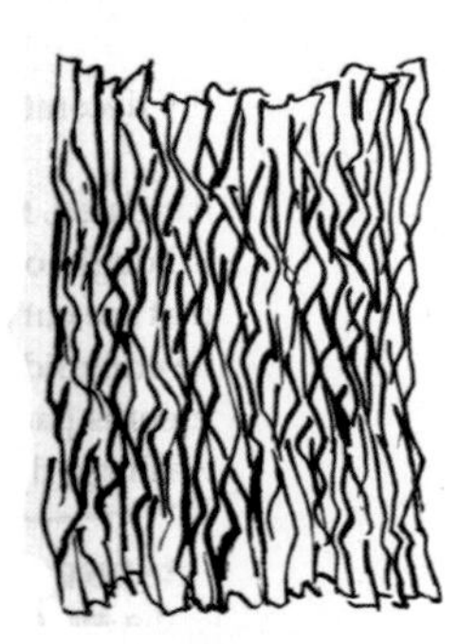

树皮褶

毛圈边

镶边和缎带装饰

锁边饰边

流苏

毛边

明线缝合线迹

包缝缝合线迹

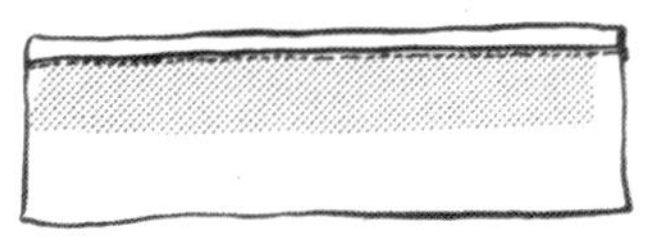

斜裁滚边

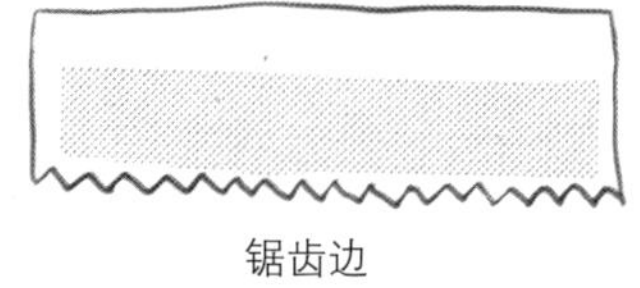

锯齿边

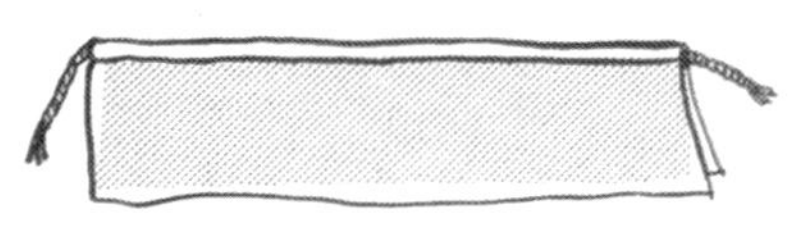

滚边

荷叶齿边缉边

线迹＆边饰

这些细节不算太大，但线迹的尺寸、所处的位置、明线的宽度以及线的种类等等都决定了整个设计中服装工艺的品质。

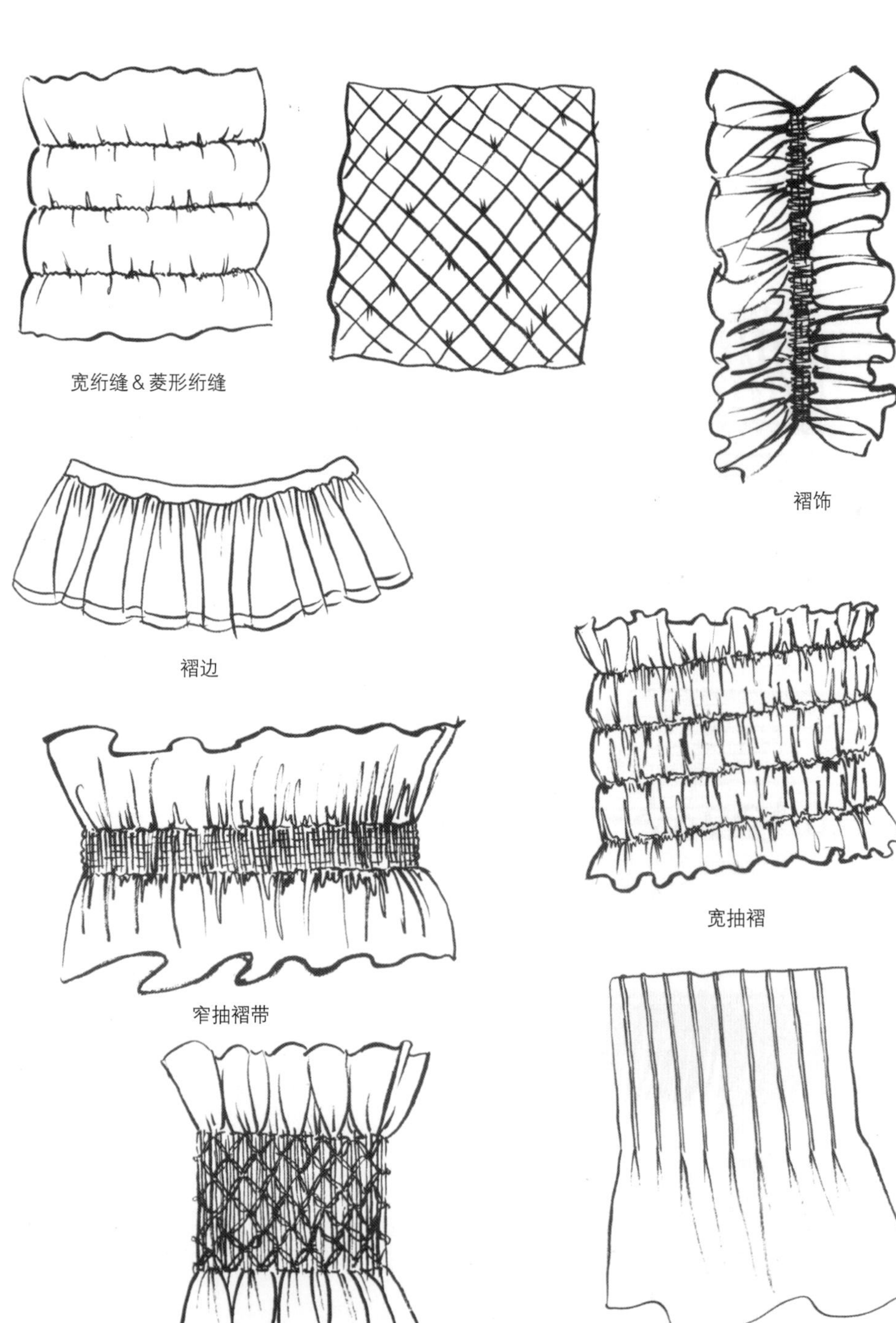
宽绗缝＆菱形绗缝

褶饰

褶边

宽抽褶

窄抽褶带

牙签褶/针褶

（用于缝制褶裥的）刺绣装饰褶

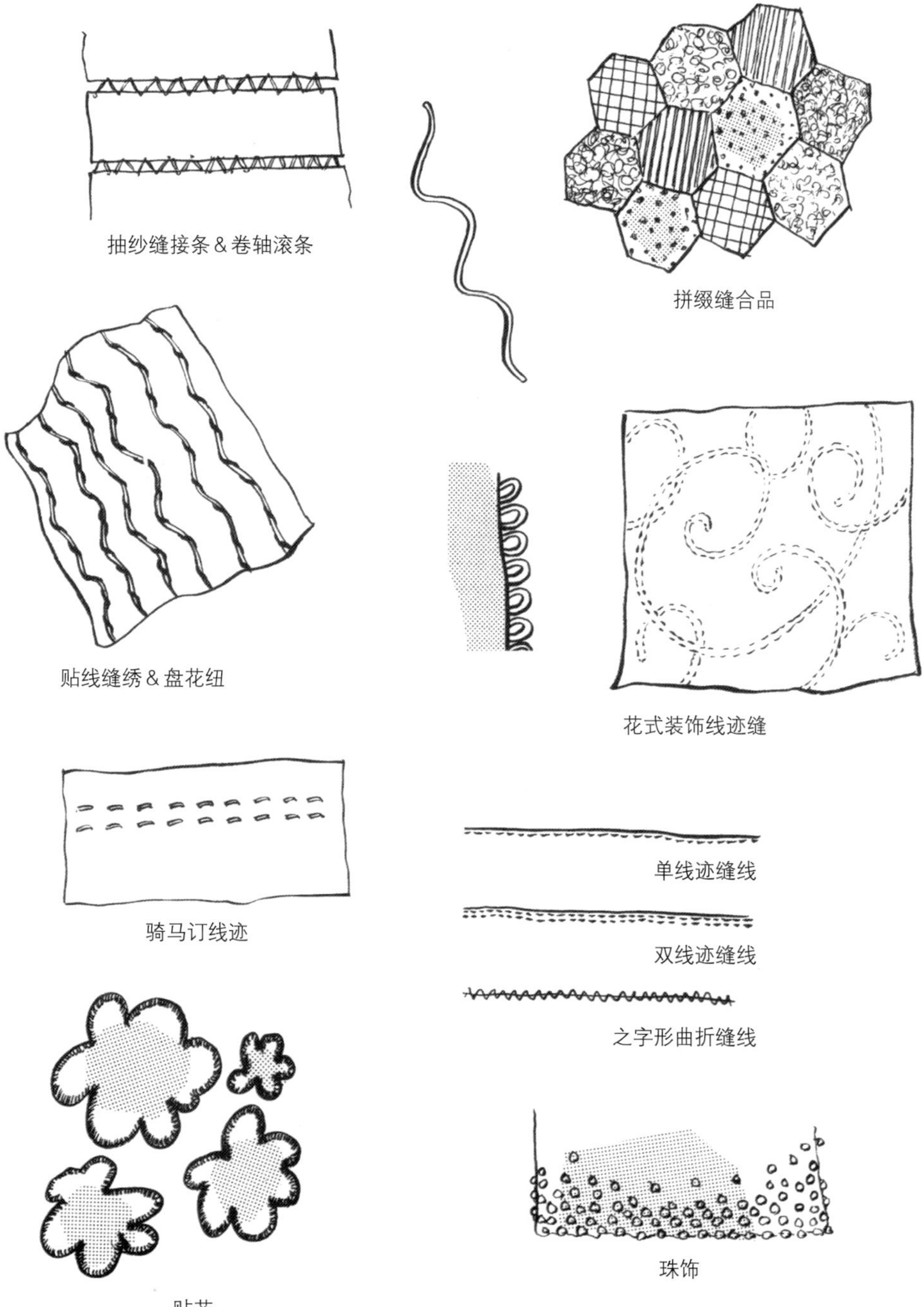
抽纱缝接条＆卷轴滚条
拼缀缝合品
贴线缝绣＆盘花纽
花式装饰线迹缝
骑马订线迹
单线迹缝线
双线迹缝线
之字形曲折缝线
贴花
珠饰

苏格兰费尔岛针织丝网印花设计服装作品——露丝·戴维斯(Ruth Davies)

服装作品——露丝·戴维斯(Ruth Davies)

服装作品——萨莉·鲍恩德(Sally Bound)

此件服装的装饰设计处于服装结构线上，服装作品——妮可拉·摩根(Nicola Morgan)

服装作品——海伦·埃克斯里(Helen Eckersley)

教会时期传统服饰装饰细节巴黎圣母院珍藏

教会时期帽饰刺绣细节

教会时期传统服饰装饰细节

金属板贴花
服装作品——内奥米·尼维(Naomi New)

雪纺制成的玫瑰花结，打造出全新的面料
服装作品——霍利·斯托儿(Holly Storer)

非裁片定位花纹循环印花图案设计
服装作品——盖布丽艾尔·舍恩伯格(Gabrielle Schoenenberg)

手绘建筑雕梁图案的褶皱松身裙

Specialist Markets 细分市场

时尚对于细分市场的影响和在其他服装领域的影响一样大，而它的影响可能会如同运动服装一样体现在色彩、图案、面料工艺上，或如同服饰配件一样体现在色彩、花型、纹理和装饰上，抑或如同女士内衣一样体现在其颜色、材质、图案以及饰物上。

Sportswear 运动装

运动服装顾名思义是针对一些运动时需要的服装，根据不同运动要求而特别制作，以帮助穿戴者更好地体验运动感。它们有可能是一件舒适的针织服装，如T恤、POLO衫或羊毛制的运动服；也许是具有弹性莱卡纤维的泳衣和紧身裤；氯丁橡胶制成的紧身潜水衣；保暖性好又实用的高腰裤；或是稳固而具有附加功能的棉制弹性纤维运动内衣。

其实每项运动有它相应的运动装备，如赛车手所穿戴的硬壳防护帽和特制的登踏运动鞋，或登山运动员所穿戴的专用登山运动靴。

运动装的每个特定需求都提供了一定的“商业”机会。

如同美国戈尔公司的某些产品，一些运动服装依靠的科学技术是将面料里的水分“甩走”。正是因为这种透气且防水的面料，使穿戴者在滑雪和登山运动中大受裨益，因为他们经常会受到湿气和大风的侵袭。比较并纵览一下市场研究报告，能帮助我们识别一些新型布料的发展趋势，并且了解如何将其应用到实际当中去。

当设计运动装时，必须着重考虑穿戴者保暖防寒且隔热的需求，当外部寒冷时穿戴者仍然可以保持温暖；当外部炎热时穿戴者依然可以保持凉爽的感觉。

自行车运动服装系列由鲁斯·凯普斯提克（Ruth Capstick）提供

都市运动装系列由鲁克·理查德松(Luke Richardson)提供

平面图案设计&品牌商标设计

Lingerie 内衣

女士内衣或被用以穿着在内的服装有很多不同的品类，如女士胸罩、贴身短内裤、短裤、丁字裤、束腰紧身内衣、巴斯克式内衣、紧身胸衣、紧身搭带、吊带装、连身衬裙、衬裙以及一些因变幻莫测的时尚而产生的可用作外穿的内衣。

每一种内衣都有其特殊的工艺以及技术要求才能有效完善设计，例如女士胸罩的造型分为用来衬托乳房的一般造型、用于运动的特殊造型，还有如由美国芝加哥莎莉公司开拓的Wonderbra品牌，即为凸显女性胸部曲线造型而设计的内衣。因此充分了解胸罩内衣的结构形状等是获取成功设计的关键。

对胸罩进行解构能够帮助我们了解它的内部结构到底是怎样的。通过大量的试穿，包括肩带的调节以及扣合部位的缩放等，对其前、后或一些隐藏的部位进行调整，哪怕是一些很小的细节部位都是不可低估的，因而包括线迹以及饰边等都需要悉心考虑。

时尚内衣设计，作品来源于三年级市场营销方向学生作业

Accessories 服装配饰

各色各样的服饰配件有帽子、包袋、鞋、长筒靴、手套和皮带、丝巾、丝袜、保暖护腿套、太阳镜、珠宝和更多的其他装饰品，对于一套服装而言服饰配件可以在服装款式的基础上增加整体着装的色彩、图案、质地等设计感。以包袋为例，有钱包、手提包、小化妆包、帆布背包、小背包、手提旅行箱、小提箱等等，因而再次证明了其设计的潜力是不可低估的。

每一服饰配件都有其特定的要求以期达到良好的设计效果，所以相关细节和面料必须符合饰品的设计目标以及构想方式。服装配件可以由服装企业生产或者配件设计者生产，这由生产者来决定。

设计时想要使装饰手法更趋完美，一个确切的主题至关重要。服装配饰与一系列的服装相协调时，颜色可以说是一个具有冲击力的因素。设计最终被确定是基于功能的应用和对背景的考量，因此要做大量的调查研究工作，包括对市场报告等的调研，这些能让你感知新型纺织品材料的发展趋势。

小狗外套

包袋＆细节

协调配饰

条纹袜系列

袜装设计由布雷特·若迪斯(Brett Roddis)提供

时尚配饰设计，作品来源于三年级市场营销专业学生作业

帆布背包＆手提袋

沙驰系列中硬朗风格的皮革包袋

包袋＆细节
包袋设计由萨拉·格朗特(Sarah Grant)提供

Knitwear 针织服装

针织服装设计与其他类型的服装一样在设计的过程中有一些相似的设计手法。然而，针织品的布料在设计与创意上就有很多要求。针织品中趣味横生的线圈设计可以更好地展示针织服装的总体构造、线条、形态和体态的丰满度。

针织服装的来来去去取决于它的时尚流行度。它的范畴较广，从精美细腻的针织品到图形厚实的苏格兰费尔岛针织物，还有嵌花以及色块撞色织物等。纱线的品质要和服装市场期待的相一致，如：羊毛、丝绸、羊绒、羊驼毛、聚酯纤维和棉纺都可以用作针织，同时打造多种手感如柔软、干燥、蓬松以及有光泽的和哑光等感受。

针织设计者们经常会把传统织造手法带到针织的服装设计领域中去，而从中获得乐趣。

针织服装系列由罗琦·萨格登(Rosie Sugden)提供

将传统的“自行车手夹克”服装演绎成针织服装的设计，其中针织面料以及一系列柔软的材料，其设计与处理都基于对结构感、合体性以及悬垂度的表现而采用明线缝合等方法达到的。

Collection 系列服装设计

系列时装设计是在某一时尚主题下，针对此主题的颜色、布料等方案，延伸出的服装成品、服饰配件以及相关设计等完整的时尚表达。协调并完善整体设计中的色彩、图案以及织物肌理等都是设计过程中的重要部分。对于专业设计师而言，还要考虑到系列服装设计的商业效益，如目标市场的定位，顾客消费群的生活习惯以及由此而激发的设计灵感。

其他还需考虑的因素有季节、气候、价位、是国内销售还是销往国外，以及是否容易制作等。

就批发服装而言，可以通过贸易博览会或公司内部活动来获取这方面的信息。一些服装系列会由公关公司来运作，将其呈现给媒体进行租借或拍照。

一些系列是专门针对相关买家而设计的，了解这些服装并将其“衣架魅力”最大限度地发挥出来非常重要。设计师无论是给自有品牌做设计还是从事零售链服装设计，都应该熟悉并掌握前一季度的销售反馈资料，以此来安排生产。为了帮助你更好地了解这一系列的工作，可参见第156页的时尚职业——新闻传媒助理，第157页的公共关系助理以及第158页的时尚买手助理等内容。

作为一名专业的设计人员，其工作是将每件需要设计的服装进行充分的斟酌并发挥其独特的魅力，进而组合成耐人寻味的系列。针对低端市场的产品，可以增加一些基本款的趣味感，这些基本款主要起协调整体系列的作用。作为服装市场中经常出现的上衣、裙子、打底裤、裤子、针织服装、夹克等，无论你的市场定位如何，将这些分开的品类有机地协调起来会有助于销售。

为你的品牌工作

每一个品牌和公司都应该对自己的基础客户群做深入地了解，这些可以通过之前的销售报告和每个店面的销售曲线来获得。众所周知时尚是非常善变的，尽管我们有市场调查分析、数据统计分析、时尚趋势分析等帮助完善某一季度服装设计，但来自于经济的和社会的因素可以戏剧性地改变客户的心境及消费品位。趋势一般明显，但是偶尔也会出现变化。设计师们不得不时刻关注时尚流行动态，通过分析与调整，使之与本公司或本品牌的设计价值观相吻合。

设计师经常为本品牌中一些特有的产品、加工技术以及面料方案等做设计。公司对自己设计的服装要做存档以备用，对无论是内销或外销的服装应进行数据管理。在此背景下设计系列服装有一种巨大的责任，包括对产品和客户们真正的理解。在系列服装设计中，斜纹布牛仔衣一类的产品就是个很好的例子，重点完全放在织物织造、裁剪和后处理上。

对比性市场报告

该报告是对同一市场领域内的多种产品和竞争产品等进行察看并报以结果。对可比的服装通过手绘、购买以及拍照等方式进行比较。它多用于以价格为主导或者大宗货品的服装市场中。

指导性市场报告

指导性报告源自于时尚中心地带，它有助于确定哪些具有潜力的时尚流行动向将作为本店的新形象出现。由于它的指导性而导致具有主流特征的购买趋向，如产生大批量的购买。

FINAL COLLECTION LINE-UP

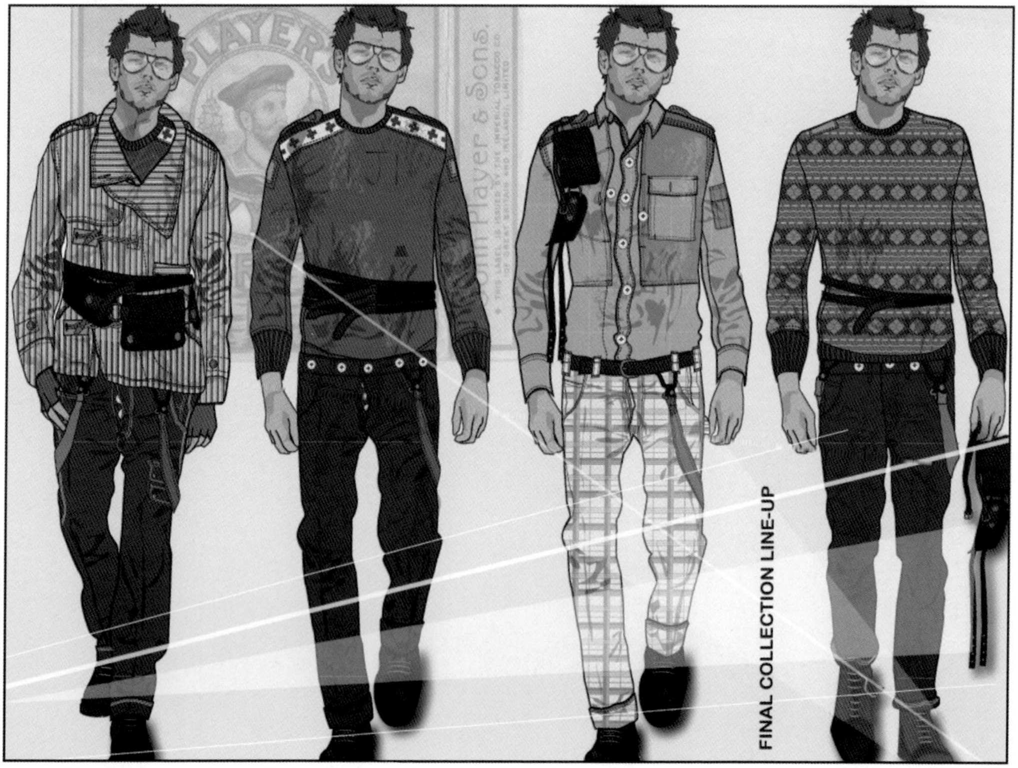

FINAL COLLECTION LINE-UP

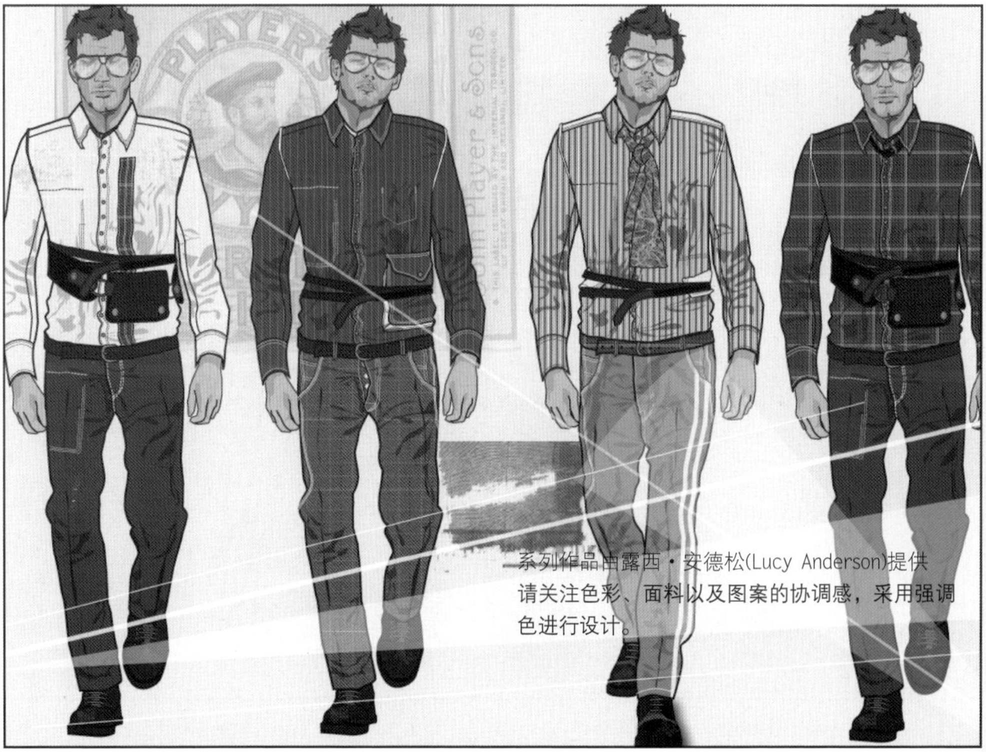

系列作品由露西·安德松(Lucy Anderson)提供
请关注色彩、面料以及图案的协调感，采用强调色进行设计。

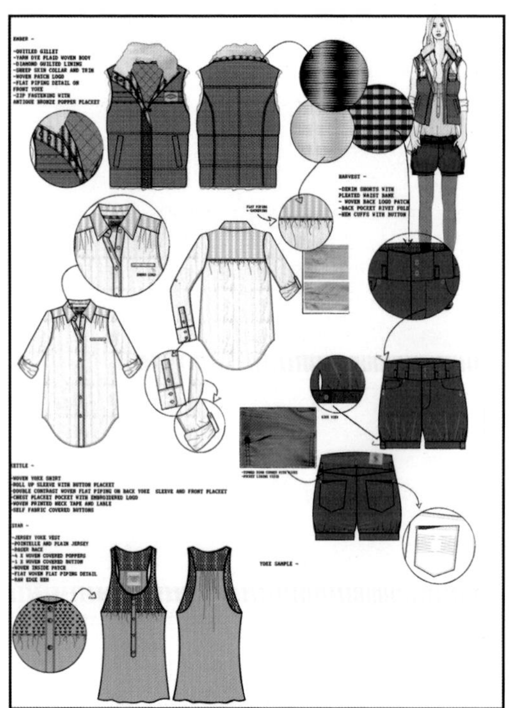

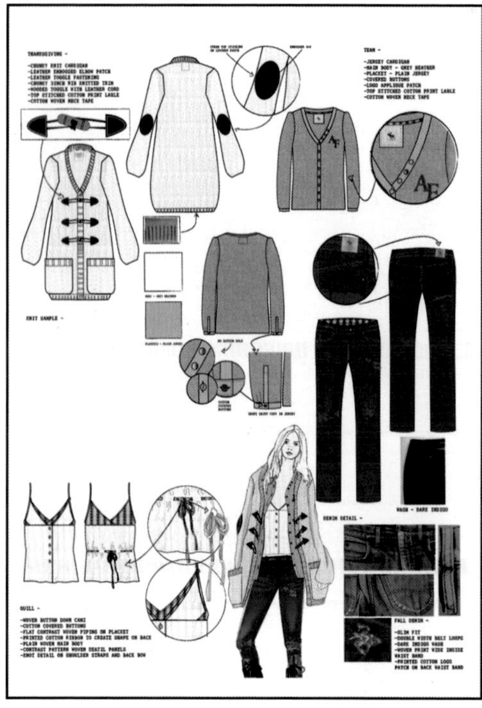

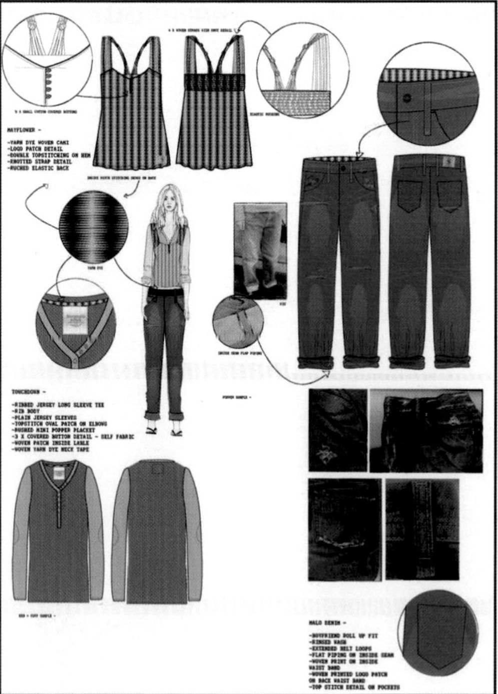

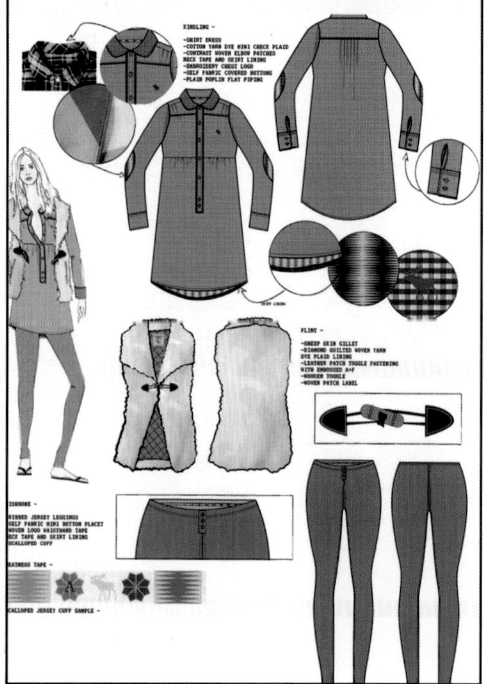

对服装系列的审美评判往往是主观的，因为它取决于个人的穿衣品位以及个人的观察视角。当然这里面也有很多个体的、主观的审视原则是值得分析的。大多数的系列服装都有一个潜在的主题，尽管有时这些系列表面看起来较为纷乱！它是可以被不断识别并加以描述的，一些主题会经常被使用，如怀旧的、海洋风貌的，或是基于建筑和几何学抽象设计的主题等等。大多设计师有自己的风格和手法，并在当下的流行趋势里将之进行诠释。

系列规划

这项工作包括了对每个系列中出现的服装款式进行比例分配等工作。例如，在某个系列中的组合可能是四条裙子、三条裤子、六件上衣、两件夹克和两条连衣裙且为三种颜色。每个系列都需要足够的细分与充分的组合，这样才能得到耐人寻味的系列设计效果。如果上衣销量不错，那么下次再出此系列时，上衣所占比例可稍大一些。

这些中档服装系列展示了其设计特点，同时在图例说明中介绍了如何穿着佩戴。

系列设计由萨拉·格朗特(Sarah Grant)提供

系列设计由萨拉·格朗特(Sarah Grant)提供

请关注服饰配件在服装系列设计中是如何发挥重要作用的，以及如何将“飞行员”怀旧主题系列表现得淋漓尽致的。

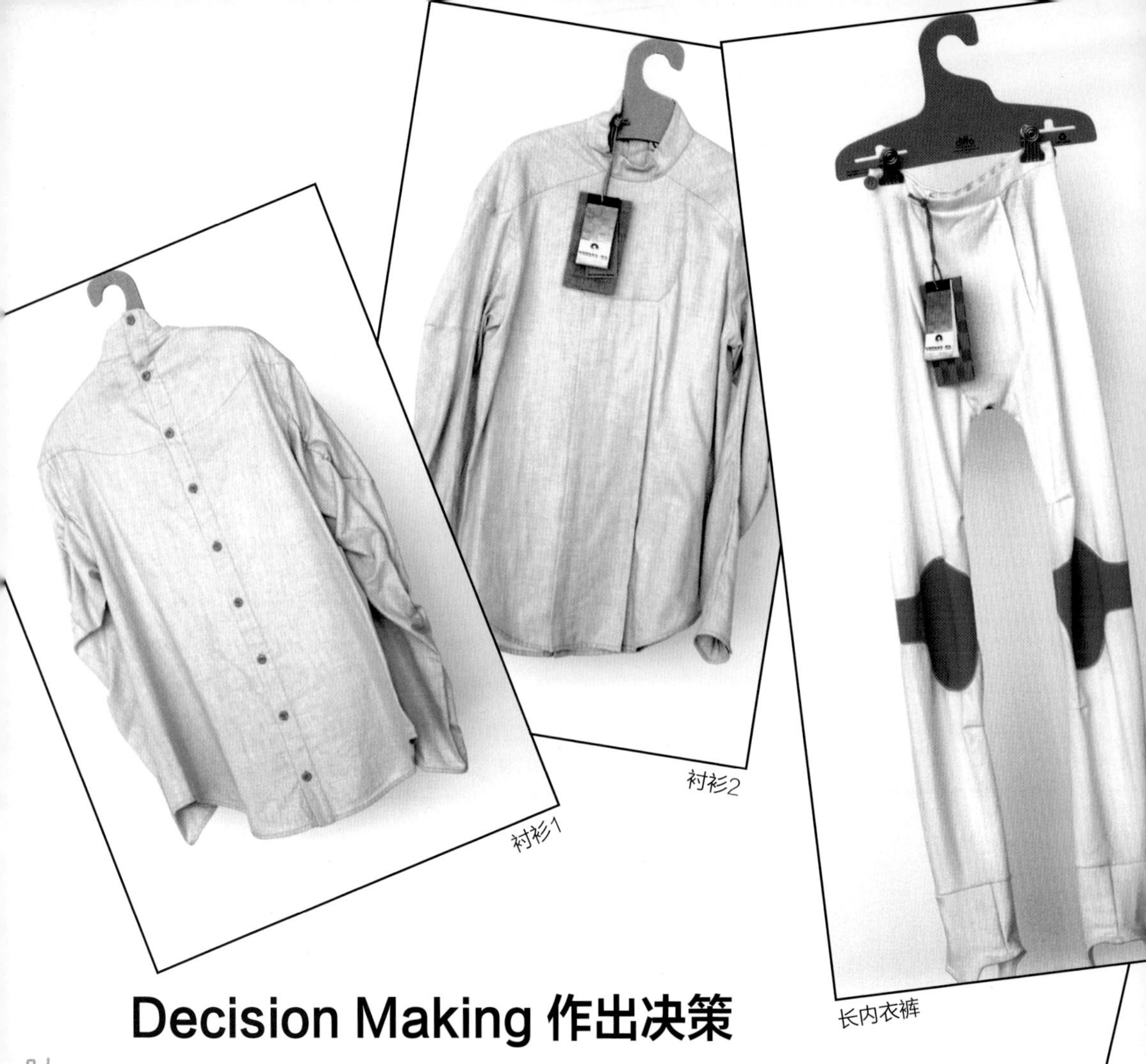

衬衫1

衬衫2

长内衣裤

Decision Making 作出决策

正如之前章节提及的，即设计过程非常复杂，伴随着从头到尾的诸多决策。只有具备了经验才能提升决策水平，然而决策没有正确和错误之分，它确实有赖于系列服装铺开后是否满足初始需求，以及是否符合流行价值观来得以结论。调研报告中的决策或选择，有关颜色等设计拓展的内容，面料工艺、轮廓造型、比例、构造、原型设计、装饰手法等等都是决策要考虑的因素，由此也造就了运筹帷幄的服装设计。

设计师在服装产品工业制造的过程中负责有关系列的设计开发并给时尚买家提供一定的指导。他们也许会和买家、买手一起去认知哪些款式是此系列中销售最好的，以及哪些是出新款时可以使用的。此系列也会被消息灵通的商人所收集，并且分析店面中畅销款式的影响，作出数据结论。通常系列中的某一款式还会被再次订购，因其流行度高且有可能在下一季节中继续保持良好的销售。

设计师可能会和买手一起寻觅纺织品面料素材以及一些装饰工艺手法等，从而制定整个服装系列的合理价位。他们甚至还需要和服装工艺技师一起工作，因为开拓产品时一些款式造型方面的问题、新性材料使用处理等问题需要工艺师配合完成。同时，在设计师脑海中还要有目标消费者和目标市场。所有的相关信息都要搜集到，并基于不断更新的流行报告、时尚趋势、买家以及商家的意见反馈等而得以加强。决策需要经常修正，并及时地通报。

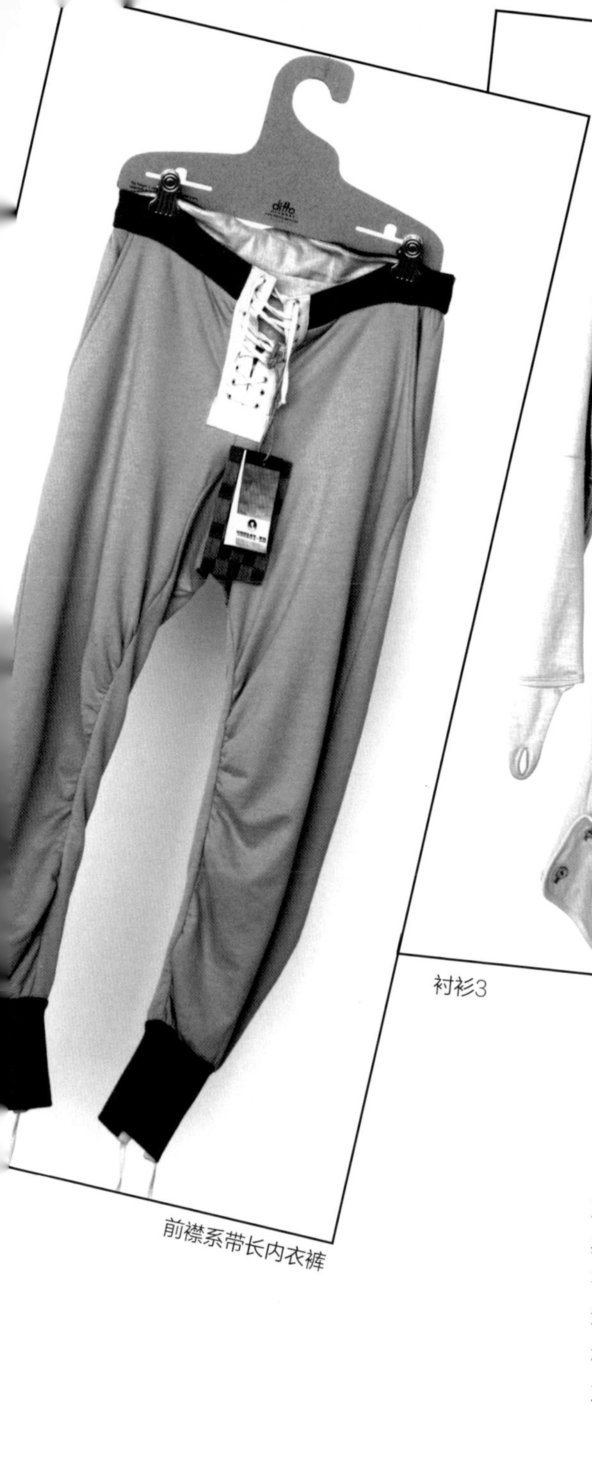

衬衫3

前襟系带长内衣裤

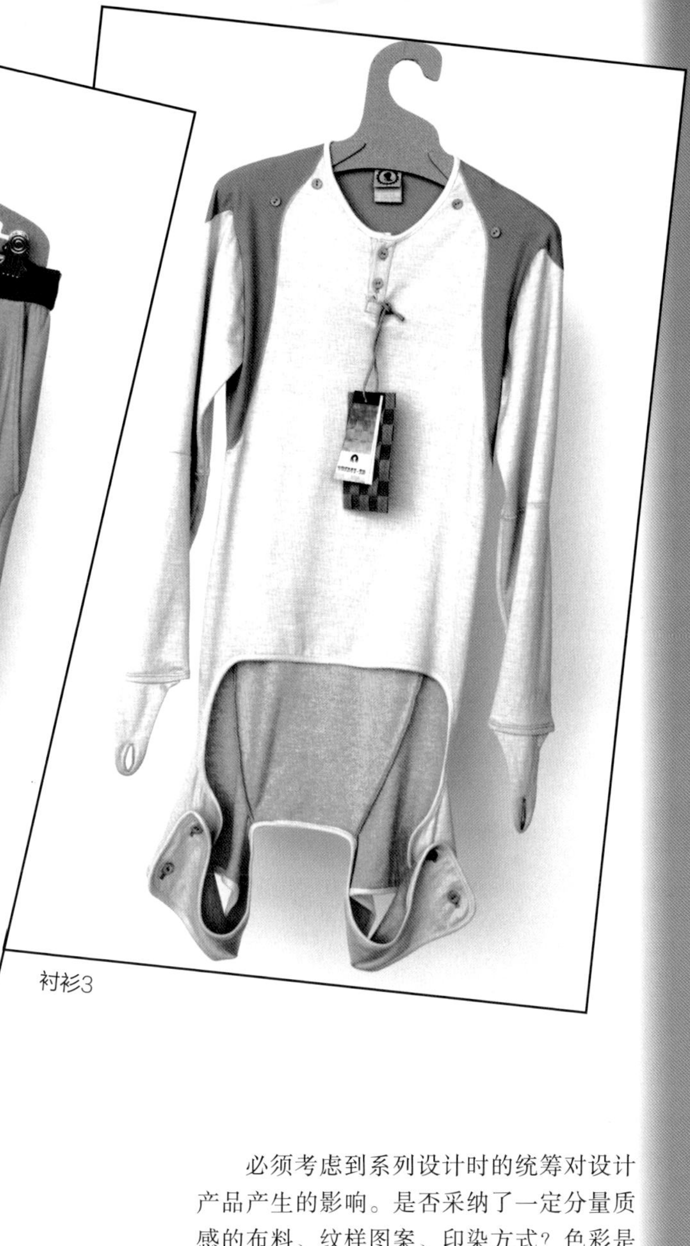

必须考虑到系列设计时的统筹对设计产品产生的影响。是否采纳了一定分量质感的布料、纹样图案、印染方式？色彩是否饱满匀和？当系列进入市场不太被消费群体认可时，每个单品要做立足于自身的检查。每个成品是否有自己最核心的价值或者具备更多的表现内容？

棉针织汗布面料系列

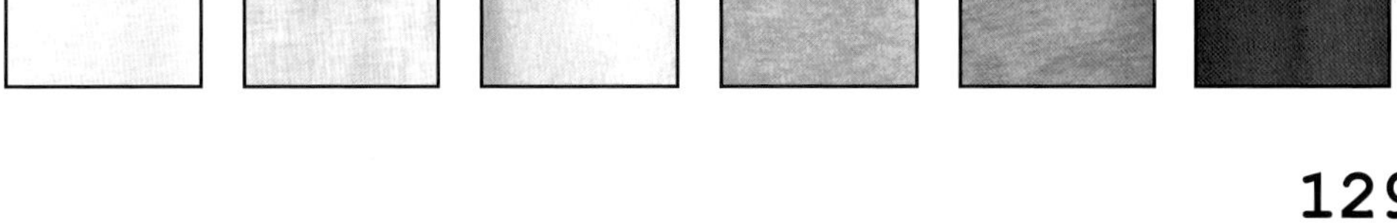

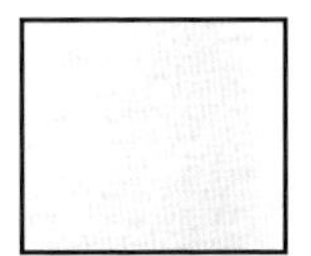

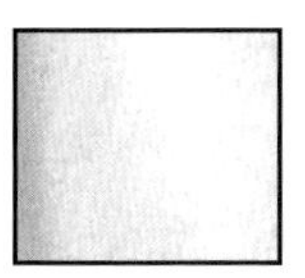

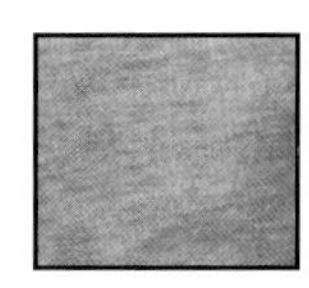

衬衫3的背面

连身裤

“UNFAST-EN”标签

品牌造型

本页的系列服装以及之前的跨页里所呈现的服装都是由Koroku Matsuura设计的。此系列的名称为“unfast-en”。设计师的价值取向是通过“unfast-en”家居便服的设计来减缓穿着者由于过多强制性的活动而带来的麻烦，同时简化穿衣过程。在当今万事求快的世界，享受时光被看作懒惰和效率低下，很多利益悄无声息地流失。在带有讽刺性的触及中，“unfast-en”提醒人们每动一步的速率，以期达到日常生活中的快慢平衡。慢下来，不是简单地去想而是去体验。

Using The Computer 使用电脑进行设计

电脑对于设计师来说是至关重要的工具。电脑可以通过大量的上下文参数来加快设计师的设计进程，对快速完成板型设计非常有用。

Adobe是目前应用最广泛的软件，尤其是Photoshop图像处理软件和Illustrator图形制作软件。这两个软件应用程序对时尚设计师来说都很有帮助。

Adobe界面设置可以让设计师画出清晰的线条，而这些线条又可进行比例调节和自由伸缩，从而最大化地减少细节方面的丢失，此作用尤其对画图工作者而言有很大的帮助。Photoshop图像编辑可以使设计师在电脑上进行绘图和喷饰编辑采集来的影像，合成抽象的意境和做一些特殊效果。Photoshop图像处理软件和Illustrator图形制作软件都可以复制模型，略图和剪影等，所以能应对多种要求。一旦使用者获得这方面的经验和技巧，他们就可以省下很多时间。基于对此种应用软件多样化的掌握，可以使设计的结果细腻而微妙——如添加底纹影效、重复细节和变换装饰。

通过选择和点击可以很简单地改变色彩，整个季节的色调和调色板可以很便捷地展示并且在电脑屏幕上进行比较，同时加以改进。整个系列的服装设计与色彩的交融并济变得很简单，如把潘东(Panton)色库系统通过相关代码输入到Illustrator和Photoshop界面中和图形编辑库里，能够制作出精准的色彩组合，印制的效果不会因机械配置的不同而产生偏差。

下图中的作品即为使用Adobe Illustrator中画笔工具完成绘制的。

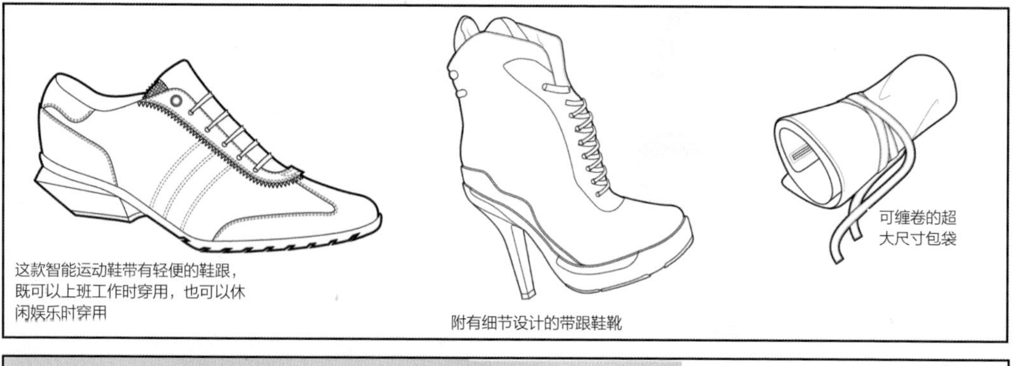

这款智能运动鞋带有轻便的鞋跟，既可以上班工作时穿用，也可以休闲娱乐时穿用

附有细节设计的带跟鞋靴

可缠卷的超大尺寸包袋

附以多口袋超大尺寸腰带的摩登式样腰包

反差色彩嵌合的轻便休闲鞋

下垂高帮运动鞋

以上为迈克尔拉维(McKelvey)K和姆斯若(Munslow)J（2007年）、韦利·布莱克威尔借助了Adobe的Illustrator和Photoshop软件二次编辑的时尚插图。

在过去的几年里，数码相机和扫描仪大幅度地提高了产品质量，对于“第一层面”把映像输入到电脑中的工具，它们今天仍然充当着不可或缺的重要角色。摄影作品可以下载并且能在图像制作软件Photoshop中进行编辑操作。

在图像编辑软件Photoshop众多功能中，对于时尚纺织设计师而言，最重要的就是可以利用它复制、旋转、转化、映射等等，并且把它应用于各种有影响力的纺织品设计理念中。

在Photoshop中需印制的内容可以下载到图像图章标记的工具中，然后通过魔棒工具绘画出成品形状。

本跨页和接下来的跨页中作品出自于凯特·雷（Katie Lay）。她把更多的注意力放在了颜色的转变以及复杂的重复印花处理上。

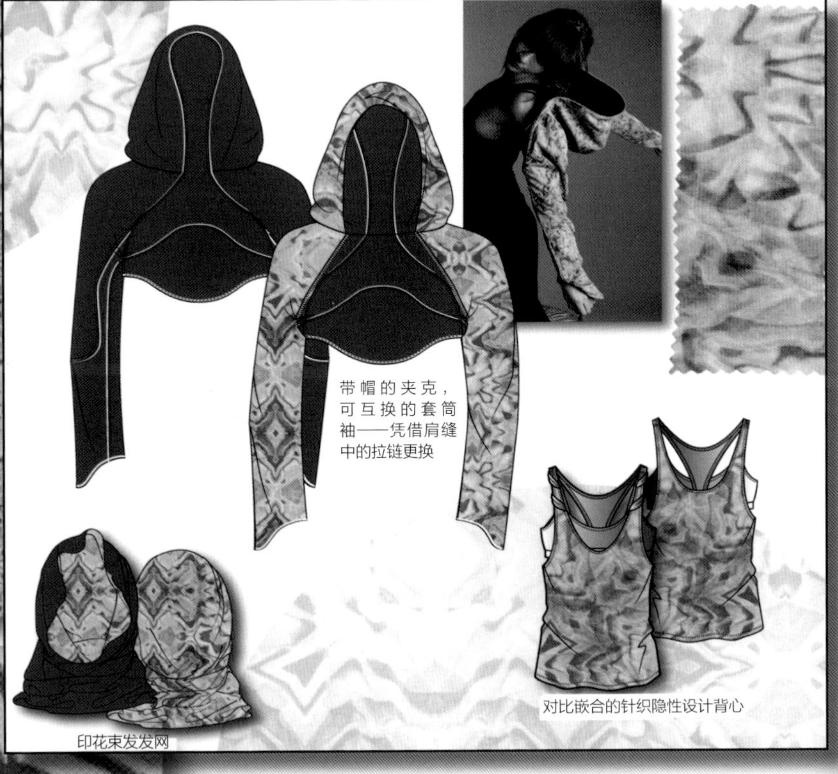

带帽的夹克，可互换的套筒袖——凭借肩缝中的拉链更换

印花束发发网

对比嵌合的针织隐性设计背心

带帽的夹克，可互换的套筒袖——凭借肩缝中的拉链更换

对比嵌合的针织隐性设计背心

对比半透明印花面料连衣裤，顶部套口层处为罗纹处理

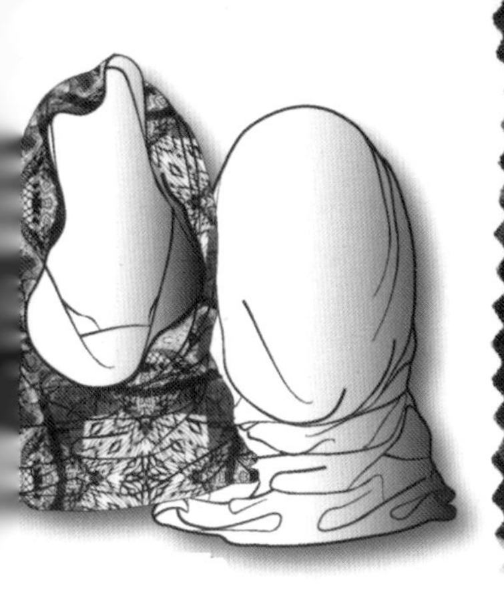

印花束发发网

下垂式可翻转的土耳其哈伦裤，围裹式磁片扣合，裤口为马蹬形处理

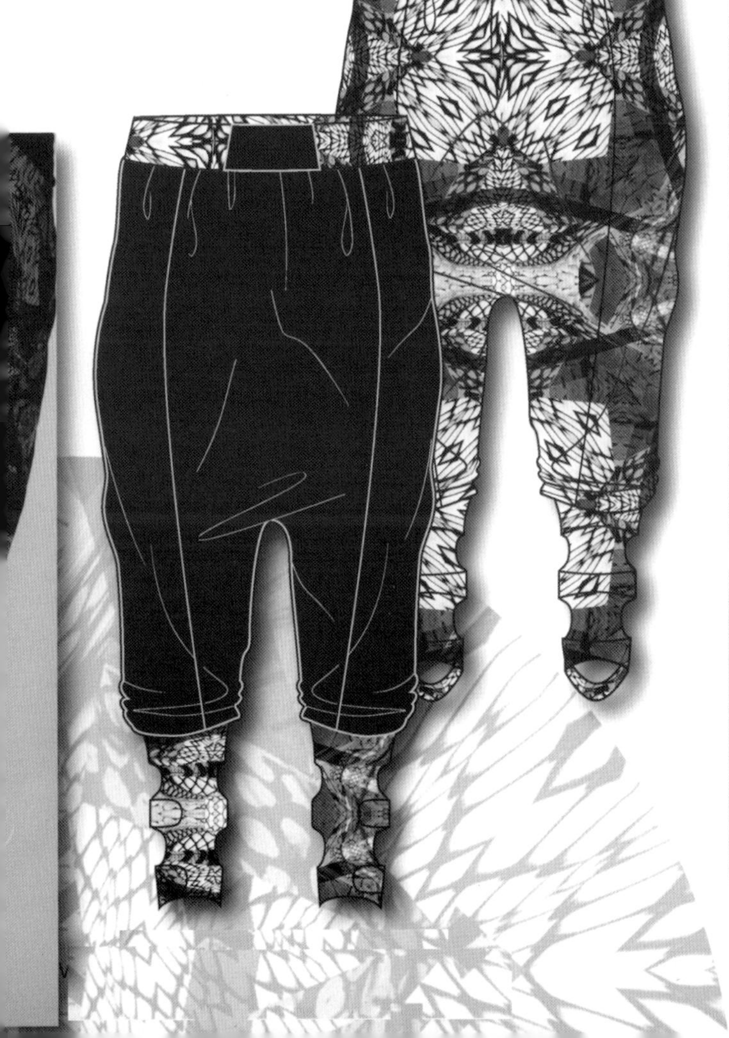

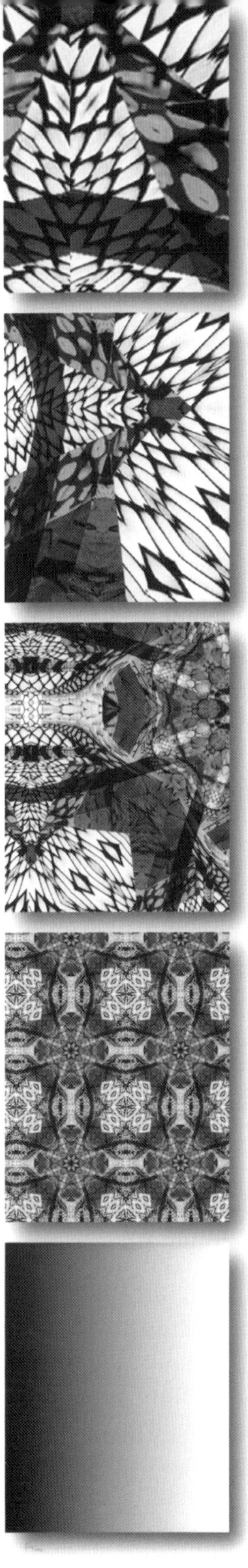

Illustrator软件工具对于绘制完整的人物形象造型非常在行。人物的姿态、情绪、色彩效果以及服饰配件等都有助于传递出总体设计理念。

带有特定函数计算功能的“Gradient”软件能够绘制出三维立体效果。大容量的色彩模块可以演绎出无尽遐想的色彩效果。

该软件所具备将图形、图像转换成一定的文件并生成描绘后的模板等功能，营造出更全新的设计效果。“图层”功能可以帮助设计师通过锁定自建的个性化层面，将打造的多层面设计效果进行来回移动得出想要的结果，而过程中不会影响已实施的效果。

本跨页Illustrations作品由菲奥娜·雷赛德·埃利奥特(Fiona Raeside Elliot)提供

作品于诺森比亚大学设计学院“禽鸟聚群”展览中展出

Promoting The Range 延伸设计

关于系列设计的价值取向和设计认同可以由一些延伸性的设计活动来完善，一定程度上类似于品牌谋划和风格企划等活动。例如品牌谋略中的商标设计工作通常是由平面设计师来完成的，而为了很好地应用此标识，平面设计师与服装设计师的通力合作是不可少的，一些工作界限也无法分清。T恤衫正面的图印和标识设计一直很受欢迎，品牌的商标设计在近些年来一直是市场促销中最核心的时尚产品。

“品牌理念是现代社会核心思想的体现。商业、个人、政治团体甚至是国家都在重塑他们自己的‘品牌形象’，以期影响公众的认知……当今，品牌形象的延伸不止于一个标识，一句口号或一个与众不同的包装，它们还释放着情感上的利益诉求。”

*Brand.New*由简·帕维特(Jane Pavitt)编辑，维多利亚与艾尔伯特博物馆(V&A)出版社 出版（2000年）

本章将着重介绍有关品牌树立过程的内容。

本页中所展示的图片来自于涂绘在墙壁上的涂鸦艺术。一些图形艺术是在阐述个人观点，而另一些则是在进行时尚产品的促销，也被称作“游击营销”。这种打破传统的营销方式，出现在非常规以及令人难以预料的情境下的图形艺术，营造出了复杂而多层次的视觉冲击效果。

这些照片拍摄于柏林。在右侧的这一页里有一个皱着眉的熊头，如同某一标识，它以不同的色彩方式持续穿越在柏林这个城市。在左下方的画面中有一个网址，在此网上出售促销物品和T恤衫等系列产品。一个有趣的促销活动和品牌概念一览无余地展示在该网站上，网址：www.omskrew.de。

OMS
SiA

.WWW.
.OMSKREW.
.DE.

品牌系列的命名在其推广中尤为重要。打造一个名称前需要一定的思考，如针对该品牌的价值趋向和设计理念，同时如何把它解释并演绎成能够唤起大众思维和视觉反响的文字图片内容。对文字语言较为创意和有趣的使用能够产生良好的视觉效果，如iMac（苹果公司一款电脑）、O2（移动手机供应商）、FCUK（French Connection United Kingdom的缩写，英国时装品牌名称）等。

首先你需要对当代图形艺术做一些调研，然后利用数据宝库，将一些朴素的辞藻进行不同语言的转换，创建备选名称和有关联想的思维导图。当然你也可以从当今流行期刊某些页面中随机抽选词语。

一旦确定所选名称，你需要"精心包装"该名称以反映出本系列努力诉求的设计理念。

这些包括了对此标识类型、范畴、色彩的运用，以及直接将商标本身进行拓展设计等手法。不断制造影响力并尽量减少修改标识，同时应让此标识名称出现在吊牌上、挂牌标签上、传单上、包装上、广告上，甚至是负责运输的员工制服上。

Illustrator软件是做此项工作时的好帮手，运用此工具进行标识处理时不会因为一些尺度的变化而影响最终质量，也就是说可以轻而易举地在尺寸以及比例的设计上找到理想的结果。

本跨页所展示的标识设计来自于这样的创意概念：天才出自于1%的灵感与99%的汗水。本标识应用于诺森比亚大学设计学院学生作品的网站上，目的是激励同学们的创意工作并对未来时尚趋势给出建议。

这项工作是由帕特里克·尼尔·麦格德里克(Patrick Niall McGoldrick)，亚历克斯·史蒂文(Alex Steven)和利亚姆·维尼(Liam Viney)共同完成的。本页从左上开始逆时针图例说明：首先是标识，上下两个分别是阴阳底纹的标识效果；然后是标识应用于网格纹中的效果，便于比例上的缩放使用；采纳"汗水滴"纹样演示色彩成分中的CMYK各自的比值。

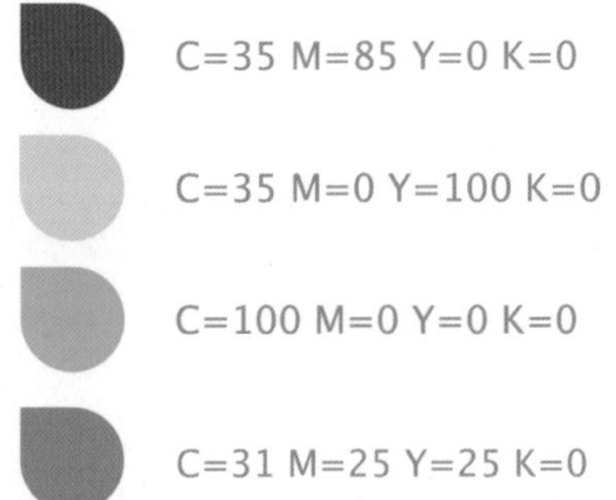

从上至下图例说明：首先是于iPhone手机中的应用效果；运用多色彩进行设计类课程的说明；商业名片设计；最后是自定义浏览器的网站快照。

Fashion Marketing	C=35 M=25 Y=100 K=1
Fashion	C=56 M=26 Y=100 K=6
Fashion Communication	C=88 M=45 Y=18 K=1
Interior Design	C=94 M=88 Y=25 K=1
Design for Industry	C=80 M=35 Y=60 K=16
Transportation Design	C=85 M=19 Y=74 K=4
3D Design	C=32 M=73 Y=0 K=0
Graphic Design	C=57 M=93 Y=29 K=13
Interactive Media Design	C=25 M=100 Y=62 K=15
Motion Graphics & Animation Design	C=34 M=100 Y=61 K=35

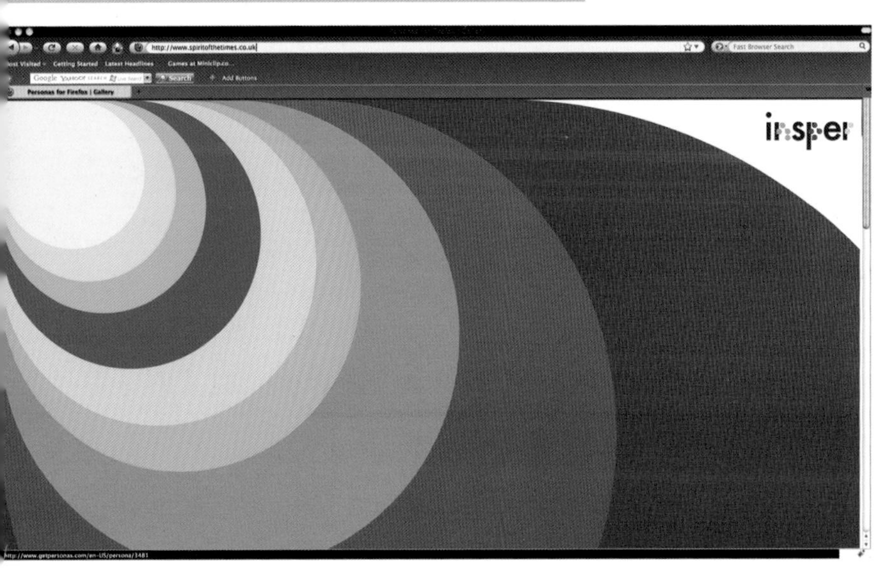

延伸设计

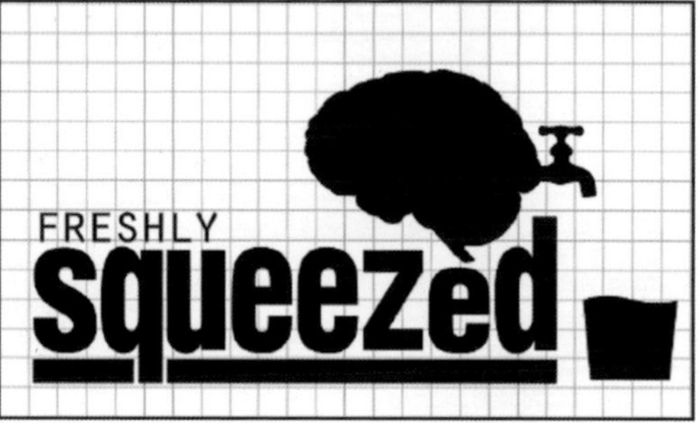

Juicy Bits

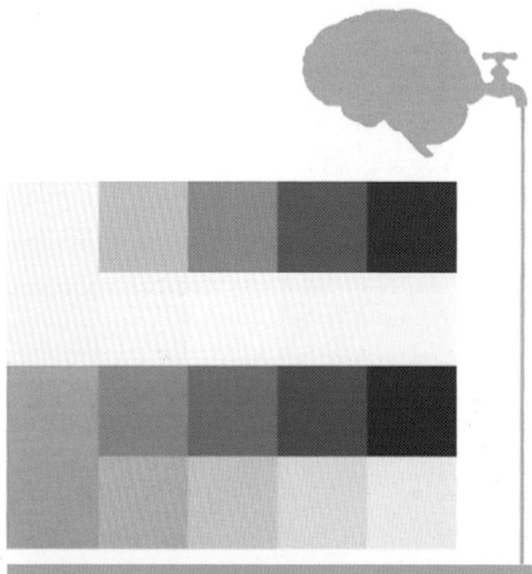

上图，针对诺森比亚大学设计学院学生作品网站设计的初期效果。用暗语的手法表示“通过努力运用大脑而产生新想法”。图形设计在三维（上）以及较为平坦的二维（右）图例中有详细的描述。

右图，此图为最终的设计方案。标识中大脑的图形通过字母“e”进行“挤压”而采集到一杯思绪的源泉。色块展示的是色彩运用比例关系，蓝色为背景色。

此项工作由卡勒姆·百斯特(Callum Best)，马雷克·柴亚威斯基(Marek Czyzeeski)，大卫·芬尼根(David Finnegan)，利亚姆·欧文 (Liam Owen)和亚历克斯·拉塞尔(Alex Rossell)共同完成。

上图是箭头设计构思的初期方案，通过4个外形为方形的设计图呈现关于箭头变化与提炼的结果。接下来是黑白底色交错变幻的图标设计。

此页以及下一个跨页的设计由乔·库伦(Joe Coulam)、豪萨姆·艾菲克(Husam Elfaki)、杰克·梅里尔(Jack Merrell)以及斯蒂文·迈尔斯(Steven Myers)共同完成。

这一设计方案同样出自于前面提及的要求。这些富于变化的设计效果也是由团队合作共同完成的。同学们是这样阐述设计构思的："既然学院的这个网站是用来激励大家创建设计并溯寻灵感来源的，而且还展出了很多的设计作品和有关内容，因此，希望运用设计方案中的箭头来进一步明智地提出此处为'有指导意义'的创意来源，并请浏览者们尽情观赏"。

同学们将他们的设计方案聚集在一起并总结出类似"风格设计指南"的一些法则，对如何展开标识设计做出一定的解释。首先要掌握设计该标识的意义所在，探寻颜色的可变空间。同时对该标识的印制排版以及格式内容等也要了解。"法则"里还包括了标识的形状在使用时不能有任何的更改，以及使用标识时不能配有任何的文字等规定。通过视觉感知上的描述，该标识被认定为一种"图形符号方案"，一个纯粹以字母为解决视效的最终印制方案。

在接下来的两页中展示了同学们是如何根据设计指南展开工作的，并将设计结果运用到网站中。通过浏览该网站，一系列的图形设计信息被一览无余。网站上很好地运用了一些鲜活的色彩以及识别性强的设计。

有关设计指南已编辑好的内容，正式版本将提交给当事人。

对标识以及设计理念的描述。

标识设计方案中，一类使用于“图形符号”；一类在印刷排字时使用。

识别标志——黑白底色效果。格纹底图标展示其符号特性以及种类特征。

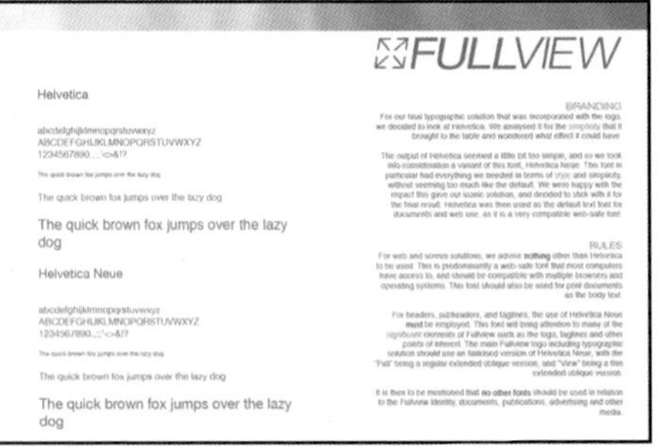

相关字体——西文字体的使用规则。

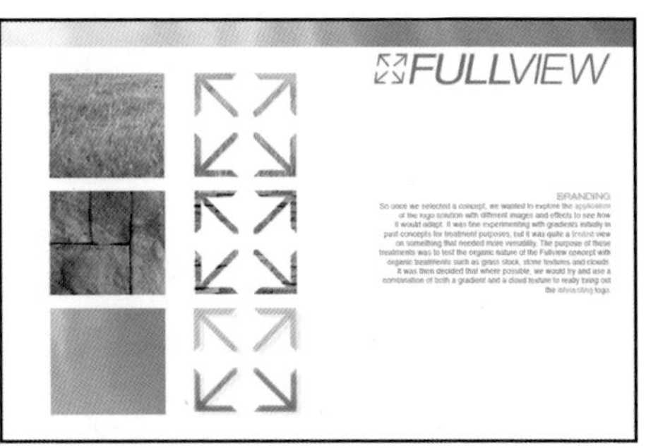

一些有趣的视觉延伸设计。

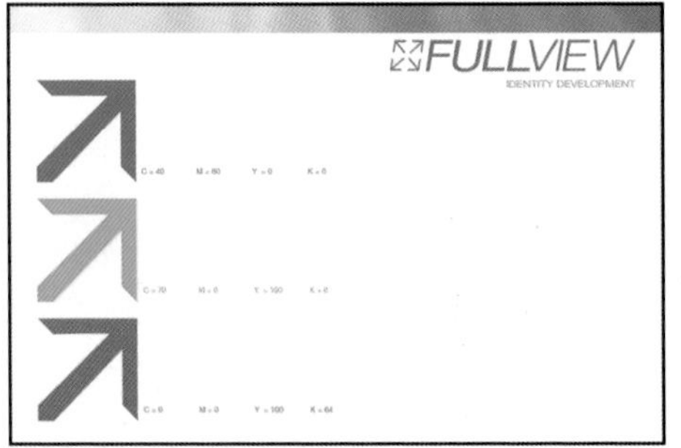

印刷用色样。

应用于商业名片和促销T恤衫上的设计。

此网站用信息平面图做导航工具栏——其中一个创意想法是用滑块进行搜索图像和改变形状、颜色以及其他一些排列组合，而不是采用传统输入词语的方式，因而搜索是以视觉为导向的。

下图：用一个类似吸管的工具从图像中选取想要的颜色，并且将之放置于下面的方框中，从而打造一个个色彩系列。可以建立一个收藏文件库，将你喜欢的图形、图像文件拖入其中存放，用以创建个人灵感资料来源。

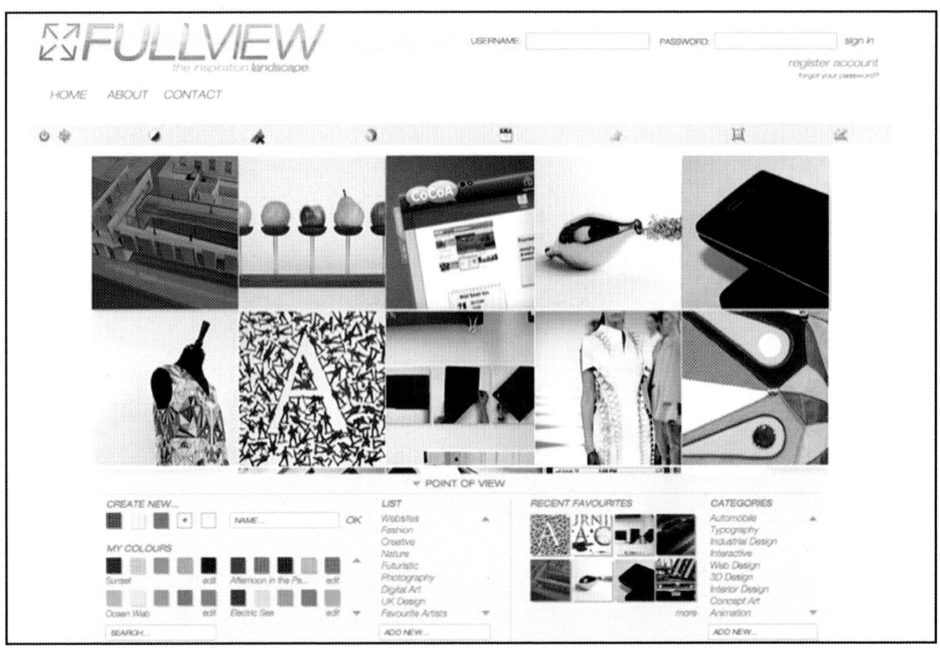

The Styling Shoot 风格造型设计（时尚摄影）

时尚照片拍摄这一工作，是按照设计师的意图进行时装风格的整体造型，从而更好地打造该时装系列，或是为某一杂志特定的时尚主题以及“情结故事”摄影。工作开始前有很多需要解惑的问题：你想实现的是什么？时尚摄影的最终目的是什么？这样的拍摄会吸引眼球吗？你是否准确传达了针对市场与设计进行调研后的时尚信息？拍摄的意图是为了达到吸引、震惊、简单的通告还是娱乐的效果？你是否给予摄影师比较充分的时间来准备拍摄时可能会用到的特殊设备，例如一些特效灯。

准备摄影理念

能够帮助你专注于要表达的摄影主题内容；在一个主题上做多样的设想，比从一个主题到另一个主题来回反思会更有成效。另外，摄影棚的时间很宝贵，消耗太多的时间会增加拍摄成本。形象设计师与摄影师密切配合并参与指导拍摄工作。摄影师要管理好所有的设备，正如拍摄前管理提要中提及的那些内容。

概念设计

详细设计并计划出希望达到的摄影效果！拍摄的背景是否足够宽，以用于远距离摄影，或者是否有足够的高度空间，以用于从下往上进行视角透视变化的拍摄？摄影概念的设计与产品的市场定位、品牌形象、个性化特征以及认同感相吻合吗？

背景幕布和道具

可以选择在摄影棚内或是某一拍摄地点完成时尚摄影工作。背景幕布以及所用道具尤显重要；你需要充分考虑所使用背景的颜色与尺寸大小，也可以选用自己准备的垂感较好的布料、绘制的幕布以及表面有肌理的材料等作为背景。如果选择了某一外景地点拍摄，一些后勤工作诸如搬运等需要提前准备妥当。

姿态/拍摄角度

对于拍摄时人物需要变换的姿态以及相机需要摆放的角度要做充分调整，可以查询可供选择的参考方案。4~5种姿势是不够的！

灯光设计

灯光和整体格调的设计可以参考一些时尚期刊和书籍。这些可供参考的资料需要在拍摄前的计划阶段或是拍摄过程中与摄影师共同商议。

模特

好的模特是成功摄影的关键。你可以使用便捷的数码相机给这些模特快速成像，以感知她们是否上镜，如果是专业模特，则仔细阅览她们所提供的集册。

发型/化妆设计

“造型风格”对于时尚摄影至关重要。你需要从多个角度了解模特，从外轮廓造型上检验是否因为脸上的皱褶、凹凸不平以及多出来的部位而会影响最终的拍摄效果。

本跨页作品来源于三、四年级市场营销方向学生作业

The Portfolio 作品集

尼克·塞勒斯(Nick Sellars)是诺森比亚大学服装市场营销方向的高级讲师，他在指导毕业生完成跨科目作品集的工作中有着丰富的经验。他在时尚产业中已工作数年，并和诸多公司有过合作，例如和Nigel Cabourne和Dewhirst Corporate Careerwear这两家公司以及一些其他的企业。

尼克·塞勒斯在此将与你分享如何打造出强有力的作品集。

这些小窍门主要针对毕业生，提醒他们对自己即将进入的领域要有所了解。大多数毕业阶段的设计作业需要针对一个特定的细分市场，并且要具备每个人自己的设计价值取向。在做该作品集时，首先需要问自己的一个问题：“在毕业的这最后一年里通过课程学习的积累，你看到的是一个什么样的自己？”接下来的设计方案决策计划将很好地确定你的价值所在，并帮助潜在的雇佣者很好地了解你。

作品集应该能够展示你在某一专业领域的特长，同时还需要你拥有较为全面的技能，当然这也是很多雇佣者希望看到的；可以说它是一次有关探索的旅行，需要将你的设计工作和沟通效果放置在时尚产业背景下进行思考。

初始阶段的工作要点是努力通过视觉艺术的方式来诠释你的设计项目，可以基于六大篇幅来做详尽的解释，它们分别是过程的展示、关键要素、时装画、图片采集技能以及编辑排列能力的等多个方面；如果你做不到以上的要求，你需要从头再来。

使用一种颜色——红色——形象化地将所有工作联系在一起。

运用Narrative字体

正如这本书中提到的，系列服装设计的工作是从效果图的绘制开始的，到服装产品的开发拓展，并描述验证这一过程中的每一部分来完成的。

尼克老师会选取当代艺术设计中较为领先的内容作为教学辅助工具，目的是将这些鲜活的设计理念输入到同学们的设计构想中，并呈现在作品集一页页的设计表达里。页面整体布局中需要考虑的有很多方面：出血页面（印刷术语）、前拥后呼密致有序的页面布局，利用一部分紧凑而一部分松散的布局表达某些有趣内容的页面，在一个不大的范畴中显示海量内容的页面，很好地利用空间关系、将较为密集的并置进行疏松排至的页面。

接下来需要考虑的是选择合适的字体字样；通常标题会选用较有装饰效果的字体，正文部分的字体效果则简练而平实。对于变幻莫测的时尚风格，字体还有赖于目标受众者们善于接纳的“格调”来选定。

这种有感而发的叙述（视觉阐述），特别是一页页相连贯而共通的集册页面所表述的设计内容，具有非凡的冲击力。同时，作品的质量也至关重要，因此诸如绘画、色彩应用、激发构想等一些内容（主题板灵感来源）应合理地进行使用：有时需要用来营造一种氛围（利用时装插画以及风格的展现等手法），而有时仅需要传递一些朴实的信息（采用有指导说明意义的较工整的绘制手法）。

出血页面图像。

设计较为松散的页面——将图形与文字进行趣味性置放。

设想一下，一份作品集通常由五大方面并整合了40个不同的辅助面等多容量信息内容来展开讲述，因此在交流中要尽可能对分解出来的一些方面做详细描述。可以考虑用A3规格完善作品集，加强其实用性和便捷性。页面中可以采纳塑料薄膜制成的套管存放面料实物小样，在增加立体感的同时方便观众触摸料样。通常，一些原创的手绘图稿、艺术作品等能够增加作品集的“真实”亲切感，而那些数字化整理出来的超乎平整、素净的内容是做不到的。可以在A3规格的作品集里增加A4规格的页面，这些页面可以采取形式多样的方式出现，如打开弹至出来式、折叠抽拉式或是制造惊喜式。与人交流或在面试的场合下，也可以利用有效空间，人为分发这些有意思的辅助内容，自由掌控整体局势效果。

速写本对于展现设计构想思路和拓展设计技能是非常有帮助的，同时有助于面试成员快速浏览你的总体思路。

一些简练、不太复杂且各有特色的方法如色彩斑点化、泼溅处理、块面色等手法，在统一色调的处理下可加强页面之间的联系并打造作品的整体感。作品集还需要针对同学们在面试时的工作要求来选取内容，比如面试男装设计师的工作时应该把有关男装的项目作品放在最前面。作品集里的一些内容还需凸显就职时尚产业的工作技能，如服装款式工艺流程绘制图。

作品集这本“书”如同一份非常有效的演示稿，展示了从设计概念到最终艺术成果的整个内容；操作过程中精心打造的作品集不仅美观同时非常值得拥有。每一设计单页都蕴藏了作者描绘印制的劳作，并采用较厚实的封面材料精装而成。

时尚设计专业的同学应该按照时间的演变来展示其设计。时尚市场营销专业的同学其作品需要按照从最初灵感来源到设计构想理念如何演绎这一过程进行展示。

照片和插画混合放置效果。

看似拥挤的画面，可以采纳一些细微的图样组成。

大尺度图形描绘。

利用黑轮廓剪影的空间效果打造视觉冲击力。

在白底画面上，对服装造型要素做充分的图形绘制描述。

本页以及下两个跨页展示的作品集作者为詹姆斯·丹尼希(James Dennehy)，他毕业于诺森比亚大学时尚营销专业。

本页描述的是詹姆斯的毕业作品，名为“Spaceto”，此系列服装是针对未来“太空旅行者”而设计的。

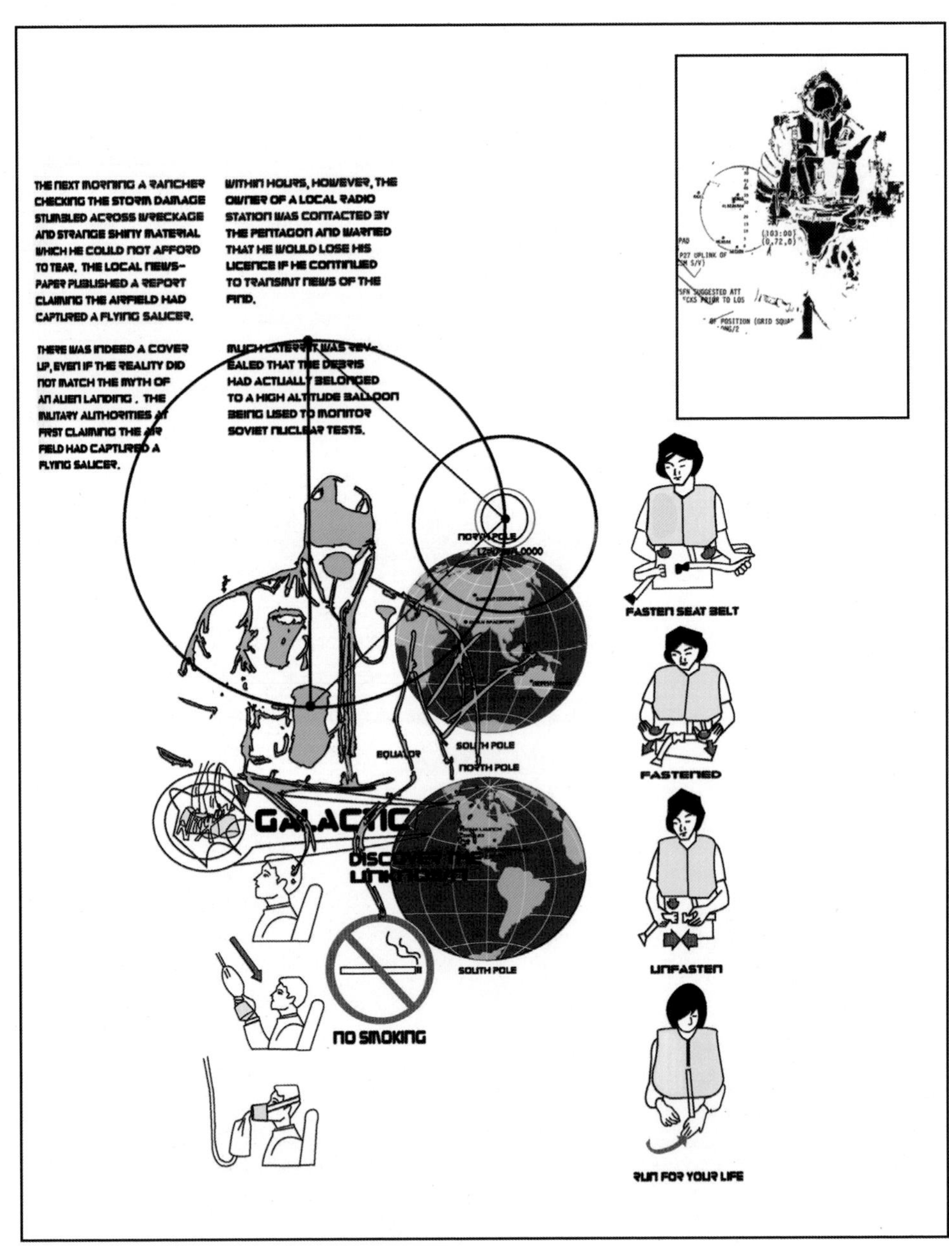

灵感来源图形绘制，在空白处有注释进行描述。

叙述的开端——为设计拓展打造一些场景。

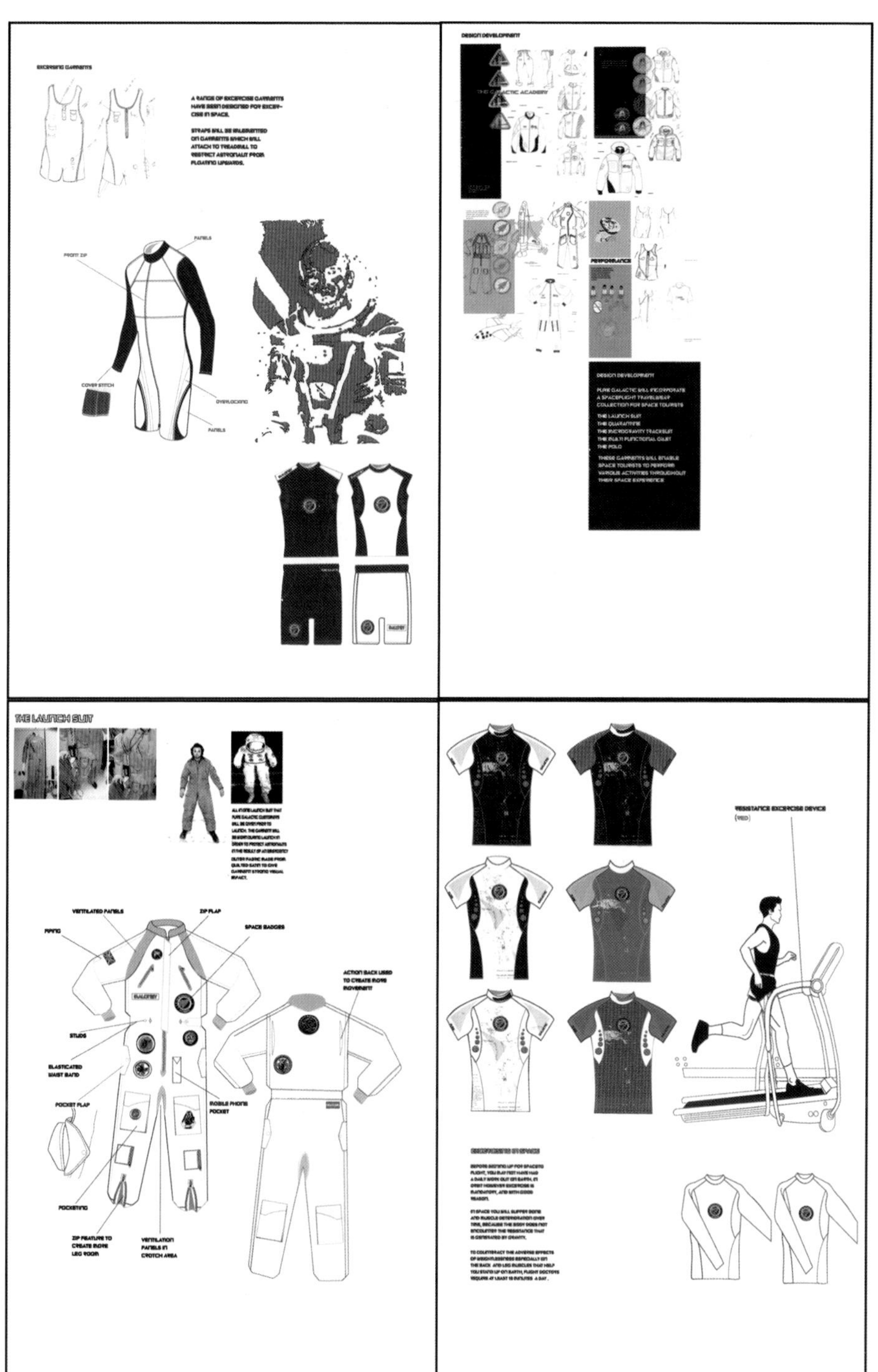

通过对人体在运动时“肌肉消耗”的调研，以及一些更深层次的探索进行主题阐述，从而掌握有利于设计拓展的要素。

在充分利用画面空间的同时使用多种设计技巧——多个便于视觉传达的绘图方式，其中有服装平面展开勾线图、时尚效果图、图形艺术设计图例等。

T-SHIRT RANGE FOR PURE GALACTIC MERCHANDISE
67904.09
MALONEY
1230.0
LIFT.OFF
LIFT.OFF
LIFT.OFF
LIFT.OFF

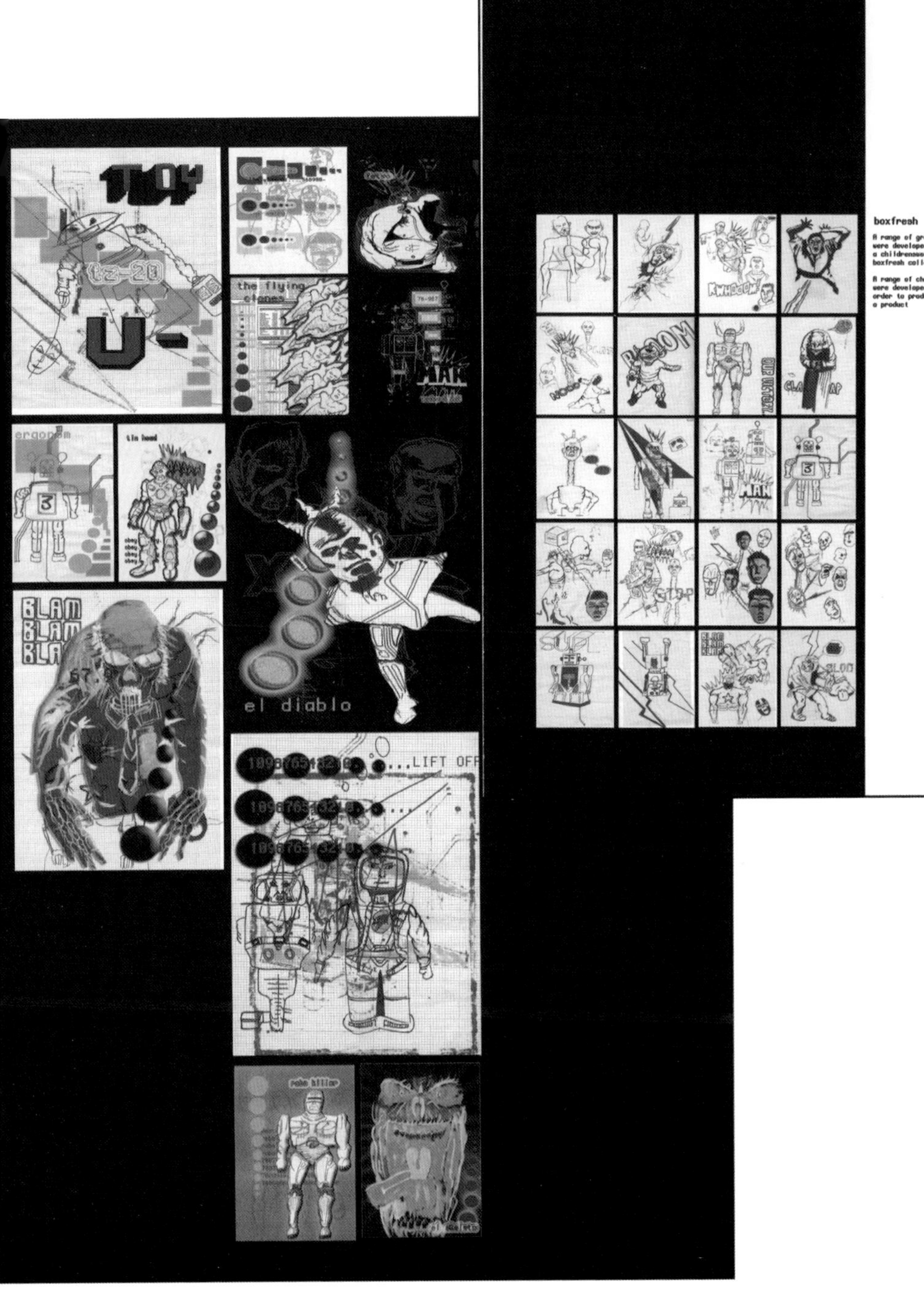

作品集

左页：T恤系列延伸设计，运用平面结构展开效果图的方式绘制。请关注从上至下图片的排列以及其中的设计变化。

本页：为Boxfresh公司童装系列特色形象设计构思。

请留意画面构图中右侧狭长的白底与黑底产生的视觉冲击力。

Fashion Careers 时尚职业

一些毕业生、实习生或是已经从事时尚行业一段时间的学生们常常忽略了时尚产业中职业发展的潜力。本章将给予那些准备运用此书所提及的设计技巧且准备进入时尚行当的学生们一定的解析。

Press Assistant 新闻传媒助理

作为服装公司涉内新闻传媒助理一般性的工作有分发与核对待刊登的样文，使用电子邮件确认出版合约，录入存储货量，打印并整理发送单，打印发票和估价单以及一些大量的复印与邮寄工作，日常差使和准备茶水！

一些出版社需要用于宣传的样片，对于他们的要求，新闻传媒助理应予以满足，例如关于宣传图样的特点、目的、颜色和主题。

助理们可以从样品存储间挑选样片。一旦样片选好，即可完成新闻样本单。一些滞后的样片需要通过不间断的电话和邮件提醒促使其尽快被制成。

新闻传媒助理还需要协助制作如用于贸易交流往来中促进销售的宣传集册和利用邮件进行推广的宣传单。

根据所在公司规模的大小，新闻传媒助理们可能参与整个宣传集册的图形版面制作、印刷和后处理等工作。

所制作的宣传集册需要通过纸面以及商务卡片等形式，运用唯美的或相关手法来展示公司的形象。

作为一名成功的公司内部新闻传媒助理人员需要具备的素质有：

- 能够激发消费者对产品的兴趣并很好地传递产品的有关信息。
- 能够通过款式造型，色彩面料以及关键单品来提供该季节服饰系列的整体概况。
- 能够将产品的形象电子化，即通过电脑制作并印制产品的形象手册。

新闻传媒助理还需要有效地组织产品促销会，如协调会场的灯光、音响以及促销会所需请柬、会场饮料安排等事宜。

一些时尚杂志和报纸保持着与服装公司的往来，以至于可以和服装公司共同分享成功的时尚产品，这些也需要新闻传媒助理的参与并将有关消息公布于众。

Public Relations Assistant 公共关系助理

向公众售卖产品和提供服务的公司需要激发消费者们对本产品的兴趣。地方性的报纸广告或国内电视广告等可作为一般性的渠道来推广产品。采用哪种方式取决于公司销售的是什么产品以及销售给谁。这些事情一般归属于公司的公共关系部门管理。

商业往来较多的公司有自己的公共关系部门，专门处理公司的宣传任务，例如普拉达(Prada)和范思哲(Versace)这样的大公司；其他的公司则以客户的身份雇佣公共关系公司来帮助自己处理有关的宣传工作。

一般情况下，每一个客户在公共关系代理公司都有自己的展示空间，向媒体提供该公司的产品展示。公共关系代理公司会为不同的客户提供个性化的媒体报道，组织宣传和促销活动，反映客户当前的需要，同时参与针对国内以及国际市场的预测工作。

公共关系公司需要了解客户们希望塑造的形象以及期待吸引的市场。通过媒体进行推广并激发消费者们对产品的兴趣是一贯的做法，针对国内以及国际市场的需要可采用服装表演、媒体公开日、新产品发布会以及社交聚会等形式来做宣传。

伦敦时装周期间，主顾们会组织安排时装系列发布活动。公共关系公司需要具备一些时装表演的经验，从调试时装表演团队到发型、化妆以及整体造型，包括室内摄像以及表演场地的选定，确定客人的名单并制作邀请函进行发放，安排座位等等。该公共关系公司还需与其他同行公共关系公司合作，以确保邀请了所有外国媒体到场来进行报道。

一些名人被邀请到现场并穿着客户们提供的服装，通过拍摄后杂志与报刊的剪贴来展示该客户是如何备受关注的。主顾要确保客户们的产品报道出现在相关的媒体上。“杂志造型形象摄影”是“促销”工作的一部分，形象设计师通过联络公共关系公司将客户们的时尚产品进行造型设计并拍照。一旦造型师选定了某一类产品，即可以通过计算机预定该产品，打包并进行分发，例如直接进行摄影或传递给杂志实物。

对于价值上千英镑的货品需要仔细地录入与分发。破损衣物或未归还的物品由公共关系公司负责处理。随季节的变迁服装也需要变换，展示空间要干净而整洁，使服装始终处于最佳状态。

插画制作：亚历姗德拉·安博通(Alexandra Embleton)出自其作品“Ears Wide Open”。

Assistant Buyer 买手助理

高街时尚零售商买手助理的职责包括：与客户保持联络并经常礼节性的会面，跟踪产品生产，处理订单，核对库存，检验样品并分发至媒体，一般性的差使以及电话、邮件咨询等。

买手们需要时刻从心理与社会的角度来关注时尚消费与购买的过程。他们需要通过了解竞争对手的动态、当下时尚潮流的发展趋势、自身商业投入潜能的多少来理智地做出决策。最为重要的是，他们需要掌握特定目标消费人群的基本情况以及购买欲。

由买手来决定最后出现在零售卖场的风格款式。他们需要与供应商共同商洽产品的质量以及价格。通常一份合法的订单由以下四个不同的编码印制单组成：

- 最上面的是白色印制单，它罗列了合同的法律义务和条款，并发至供货商处。
- 黄色印制单由拨款人员存档，以便参考和预拨款使用。
- 绿色印制单由买家存档，以便产品的颜色、装饰和规格单的参考使用。
- 蓝色印制单送至公司总部，同时附带相关的Kimball（安全标签）申请单。

买手负责制作时尚趋势展示板，将应季的主打造型、印花和颜色以及时尚概念一并呈现出来。

这样的流行趋势展板，加上店面的销售报告以及销售记录等可以辅助买手们做出关于款式、面料以及价格等一系列决策。

当服装款式被最终确认并“盖戳”后产品就可投入生产了。设计助理与服装技师需要按照初始规格单检验产品生产样衣。在样品被全方位的确认之前，需要检视服装的洗涤、保养以及面料成分内容、实验检验证书等。如果样品不能通过全方位的确认，会导致订单被取消。

买手们经常由设计师陪伴，一年中至少有两次出外游历来收集用于市场店面报告的视觉交流信息。买手还与供应商预约了解产品系列。同时买手总监、销售总管以及买家们会举行一系列的商讨会，并在会上针对有关产品相互交流。之后订单将会产生，并确认订单中所要求的服装样品。这些都将提交给服装技师，包括具备测量尺码和技术制图的产品规格单。随后进行的“试衣”可以进一步确认所选款式，如果有些需要修改，则索要修改后的样衣。

每周零售店面将会罗列出最受欢迎的产品。这些畅销产品取决于商品库存、销售情况以及有关信息等。

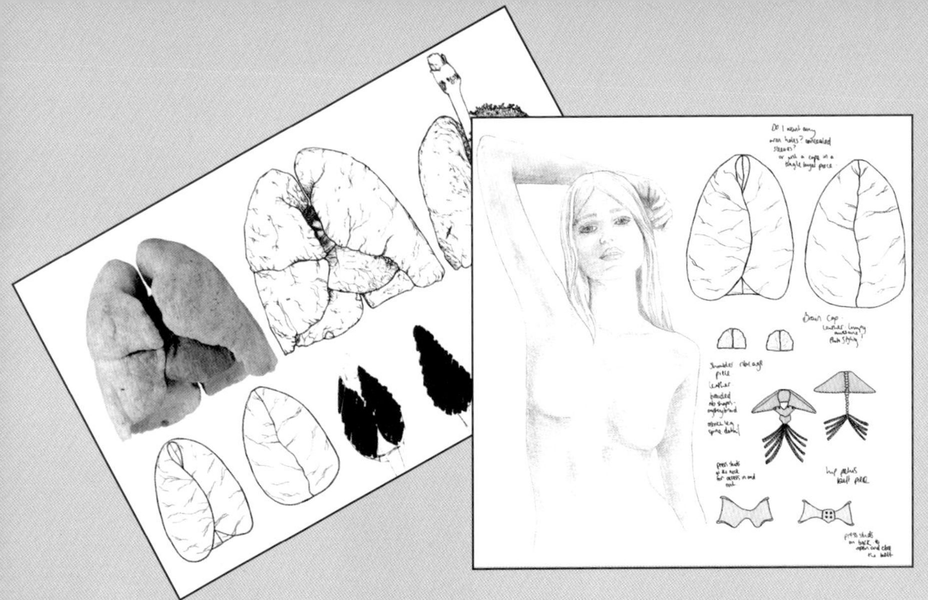

Designer Assistant 设计助理

较大的百货商场一般雇用专业的设计团队来为其做服装系列设计。每一设计团队中的设计师都会配备一名设计助理，这些设计助理们经过训练后承担某一特定系列的设计工作。他们同时还要协助挑选服装系列的用色以及用料。同时，设计助理们还需要完成一些必要的计算机辅助设计工作。他们在工作时一般的职责包括复印文件、订购工作用文具、准备并制作用于会议交流时的服装趋势展板和服装系列设计展板。

每一名设计师需要负责一个、两个有时甚至是三个系列的服装设计。他们的职责有很多，如每一系列的初始设计，针对不同系列所选定的色彩以及面料做方案进行采购。设计师们与买家保持紧密的联系并时时沟通，对一些要求做到随时调整与修改，并且陪同买家的买手和销售商们到供应商处走访与参观。

设计师们需要了解最新的流行动态，能够经常从时尚杂志、橱窗陈列、当前店面商品货类、流行趋势刊物、互联网、比较善变的时尚消费者以及街头风格中获取一定的信息来掌握时尚流行趋向。之后，针对不同的设计主题，编辑与制作时尚趋势展板，展示正在流行或即将发生的时尚内容，并在视觉图片上附以文字说明。

设计助理的职责有：

- 收集市场调研信息。
- 服装设计理念草图勾勒。
- 与色彩专家联络，确定颜色系列。
- 合理运用流行趋势信息。
- 从不同的面料供应商处挑选面料。
- 搜索装饰用料例如拉链以及装饰亮片。
- 绘制服装设计草图。
- 修正设计中的问题。

针对某一季节的设计项目其系列设计的产生也许需要提前一年，当然也要参考基于这个季节的趋势报告来完成设计工作。这些设计将以趋势报告的形式在设计部门以及营销管理团队中进行分发与传阅，以供给大家一些灵感启示与设计指导。

设计部门中其他方向及标牌的设计系列也许出自于该趋势报告。由此设计师可以延伸出四大系列，每一个系列由50件服装组成。这些系列的设计以及其中具体服装的设计都与买家密切合作并完善色彩与面料等方案。

一些贸易博览会诸如在“纯粹伦敦”(Pure London)上所看到的流行感极强的时尚是最引人关注的新兴时尚以及细节风格。

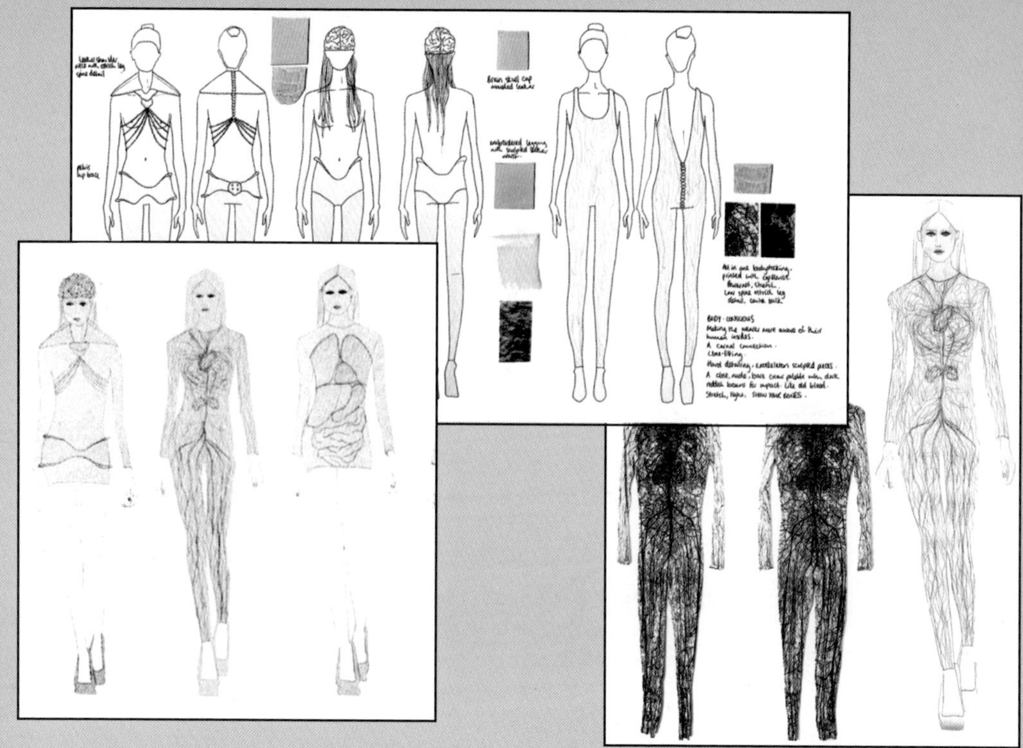

Assistant Designer
助理设计师

在一些不太大、以设计为主的公司里，其设计助理需要具备以专业的方式和良好的组织技能进行沟通的能力。较好的设计信用体现在持续不间断、有原则性地按期交货以及按预算进行设计等方面。国际合作意味着不同文化的交融，这需要跨越语言障碍，具备良好的社交技能，拓展与厂家、供应商以及其他设计师的工作关系。

每一季都需要制定色彩方案。起初颜色的范畴比较宽，随着设计的推进，色彩的选定在不断减少并控制在可操作的范围中。上一季中畅销的色彩可以被参考用来衍生出本季的流行色方案。

在初始阶段的设计研究会议上，主要任务是观摩临近季节的流行资讯以及设计师发布会上的系列设计。设计师团队根据这些信息完成设计提要并制作设计概念展板，同时推出设计主题。该品牌的形象以及设计理念在任何时候都要被关注并予以考虑而进行服装设计。系列中的诸多方面需要一一探讨——风格设计、印花、价格以及面料的可塑性——整个团队都要参与进来。

一般情况下，大概有近80个款式需要被选定并绘制完成规格制作单。这些制作单将成为生产加工时重要的参考依据。在系列统筹工作之后，将是对每一个款式进行打板绘制等工作。如果是对上一季的已有服装稍加改动的工作，可以由设计助理来完成。

所有的服装样品制作可以由公司内部的样衣技师来完成，也可以由委托生产的工厂来完成。这些服装的规格及合体性、外观风貌、面料性能、细节部位等需要通过检验才能出厂。必要时增加的修改要做成复制样品通告销售部门。制作完成的样衣与规格单上的尺寸要求相差不能太大，布料瑕疵需要批注。由此，用于每一件服装制作参考的规格单可以编目在录并送往加工工厂。公司样衣室制作的样衣可以逐一分配并发至需要加工制作的工厂，同时带到工厂的还有该样衣的样板、产品规格表以及制作此件服装时的注意事项。

助理设计师的工作还包括寻觅新的加工厂商。他们要关注并发掘能够提供最小量生产的样衣制作厂。

设计师可以通过参加面料贸易博览会来收集面料小样，使用已有的色彩卡片和生产制作计划能够有效地帮助助理设计师们完成工作。一年举办两次展览的博览会有法国巴黎的第一视觉面料博览会、意大利普拉托面料展。在这些展览会游历中所集合的面料小样可以用作服装样料的订购，也可以存档后供日后参考使用。

当样品系列于不同的生产厂家加工时，便于销售团队使用的样品宣传册同时也在进行制作。这些宣传册可以给客户在订货时提供参考用。此册中还包含了服装产品规格表、面料成分和小样、色彩方案、尺寸、产品说明和生产地区。这些册集将随样品系列一并送至销售部门。设计团队针对每一个的设计将在宣传集册中打造大约四个色彩方案。

在销售水准没有被估量出来之前，服装是不能进行生产加工的。当某些款式和色彩设计的订单量不足时，它将被取消。一旦销售部门确认了总体任务，相应的面料和装饰材料订购马上就会开始。助理设计师们的工作是确保供应商能够在规定的工作进程内提供所需要的货量，同时还需持续跟踪生产进度，以便有额外的时间来处理所发生的问题。助理设计师们需要往来于服装加工厂和装饰材料供应商之间，及时关注加工厂所需配送的物件。

要完成好助理设计师的工作，还需做好公共关系工作以及广告推广工作，因为一些杂志媒体等可能需要该公司的产品系列。服装产品在拍摄成片后，希望以较高的质量送至媒体杂志宣传使用，助理设计师需要掌握好刊登期限。此外，分配给助理设计师的工作还有“销售关注点”等设计任务，如从圣诞卡片、展示邀请函的设计筹划，到展板和明信片的制作，再到零售终端展柜的人台设计等等。

本跨页以及前一页的插画以及设计由海伦·埃克斯里(Helen Eckersley)提供。作品名称为“Subcutaneous”。

Visual Merchandiser
视觉营销设计师

零售业需要关注如何留住消费者以及吸引消费者。互联网已经成为零售商们最大的竞争对手，因为消费者在工作闲暇时或在家里就能完成网络购物，同时可以有效地省去一些不必要的投入——停车、照看孩子、抽出宝贵的时间和精力去购物。

在零售卖场里，零售商们会打出“物源丰盈，物美价廉”的牌子吸引顾客们光顾，使得消费者在体验购物的同时感受物超所值。而零售商们希望不断制造这种持有良好的购物回味感和体验感，从而促使消费者们再次光临。新的零售商在选址上可谓五花八门——重整的废弃仓库、翻新的工厂厂房、都市娱乐聚集所等等离消费者不太远的地方，不断增加乐趣感和新鲜感以招揽更多的顾客，特别是那些对传统消费感到厌倦的客户们。

持续制造“惊喜”和完善视觉营销是非常必要的工作。从事视觉营销的设计师需要了解商品的潮流走向以及消费者们的内心期待。他们需要完成如橱窗陈列设计、台面装饰设计、塑像设计等工作。他们还需要使货架最大限度地发挥作用，同时将产品视觉图片的风格设计与卖场内的布置融为一体。

通过灯光、声响、气息、触感以及温度等营造出针对目标消费者的一种氛围尤为重要。使消费者了解商品诸如价格等方面的信息是不可缺少的视觉营销设计内容。同时还需要给消费者营造出一种比较宽泛和可变的空间，以缔造顾客们个性化消费的可能。他们不会笼统地购买，而是精挑细选并组合搭配不同品牌的货品进行购买。

针对个别“品牌”比较“独立”的空间需要清晰地打造出该品牌独有的消费气场。重点关注品牌自身的设计理念而不是消费者的一般喜好，同时避免疏远消费者。这样有助于消费者根据自己的情况以不同的方式来理解商品，从而塑造自我的个性化消费观念。

可以通过布局、形象处理、细节修剪等手法来打造设计理念。视觉营销团队要时常更新这些图片，同时还要有节奏地更新图片中产品系列的内容。对于一个大型连锁店的某些品牌的供货商而言，需要经常提供吻合其产品设计理念的想法，同时针对其设计理念给予卖场销售人员合理的建议。

对于视觉营销人员而言，其工作即是在正确的时间、正确的地点，以正确的商品价格和质量销售出正确的产品！

Display Designer 橱窗展示设计师

顾客对时装店的第一印象并不是来自于店里的商品，而是来自橱窗陈列里所提供的信息。由此，在橱窗陈列空间里要完成的设计工作极为重要。

零售店面橱窗越大，越能给公众提供更多的时尚设计概念和主题信息。伦敦主要的零售商们都因其橱窗设计而引以为荣，因为这些设计能够成为店面的“装置形象”而激发消费者到店里看看。一般橱窗的设计在公司总部完成，将预期展示的橱窗设计拍成图片后分发给零售商，重点是反映出强烈的时代风貌来。

项目培训中要强调使用较为一致的方式来展示产品，使受训者能够强烈感知服装风格的主题以及公司在国内范围展开推广时所运用的语言技巧，还有加强品牌形象的一些推广技巧等。通常需要考虑的任务还有：与经营管理者咨询和商讨货存问题、检查是否使用了正确的尺码、挑选外观较佳的货品、检测有效存货量。

每一批新的服装货品运到零售店时可称为一个阶段，此阶段一般为6~8周。一个季度为四个阶段，橱窗展示大概每三周设计一次，每个阶段至少需要配备两种橱窗设计方案。

店内陈列还需要考虑的有：一些既定产品的摆放非常关键，从而影响其持续销量和递增销量。需要仔细斟酌展示中所触及的各个方面及构成元素，包括平面设计等，确保店面形象的完整。

橱窗设计取决于商店的地点和光顾该店的消费者类型。橱窗陈列的团队们需要将陈列方案集册放在一起做分析，并持续更新不同店面的每一个橱窗设计，从而使橱窗的展示与集册中的图片风格一致。

所有参与展示的服装需要精心熨烫。查视女上衣和男衬衫的纽扣是否位于展示人台的正前方。衣领与肩部需要平整、挺括而利落。面料看起来要有“活力”而不能太陈旧。短裤、裙装还有夹克需要同样对待，并检视一下在人台上的衣料是否平整。运用别针可以将服装展示得更合体以及保持较好的展示效果。需要主要考虑以下几点。

- 协调运用色彩。
- 不同品类的长短搭配。
- 下摆长短组合搭配。

上图最左侧背景：纽约Adidas Soho店
本页：日本男装店
上图右：纽约Soho夏奈尔时装店橱窗陈列

Costume Designer
舞台服装设计师

一些电视艺术制作公司在录制节目时一般拥有自己的服装设计与制作部门以便可以达到电视节目的要求。提供舞台服装的商店一般有服装展示间、办公室和工作间。针对电视、广告、电影或剧院的需要出租舞台服装可以增加收入。

舞台服装一般存挂在服装展示间。被称为第一级别的服装设计是针对近几十年的，其男女舞台服装设计可以从现在追溯到20世纪40年代，其设计还包括了鞋子、配饰、帽子、包袋、领带和围巾。第二级别的服装跨越了一些不同时期，可以从20世纪的1939年一直到欧洲中世纪时期，包括了不同时期的内衣以及配饰饰品，可以非常真实地还原那个时代的衣装细节。当然还有一些适合轻喜剧的服装或是些好玩儿的服装，如杂技演员穿着的紧体连身服装、某类舞蹈服装、仿生服装、科幻服装以及运动装等，还有针对学校、俱乐部、不同工作场合的制服服装。

所有存档的服装都需要录入到电脑中进行管理。一旦某些借出的服装归还回来，将被收好归位。

店中常驻人员有设计师、舞台服装设计师、剧组服装员、服装管理助理、缝纫工艺师和文秘。

有变化的新款服装一般产自于店里的工作间。服装造型的细节需要通过设计稿详尽地表现。设计师依照节目制作人的要求来开展设计预算。预算的多少取决于节目受欢迎的程度、节目的类型以及该节目时间的长短。通常当代喜剧片的服装预算要少于传统戏剧服装。设计师们被分配在不同的节目当中完成设计。舞台服装设计师被聘用来帮助设计师们完成设计任务的同时充分展示本店的设计潜力。基于在戏剧服装和着装设计方面的渊博知识，舞台服装设计师们能够给予设计者和客户们在舞台服装等品类上灵活多样的建议。

一般由服装管理助理来操作电脑系统，并负责将归还后不需要再使用的服装归置到位。他们还需要辅助设计师们完成展示工作。设计师们应统筹规划好需要多少一般助理和兼职助理员。设计师在预算中除了考虑展示所需的费用外，还需要考虑参与设计的助理费用，租借服装、购买服饰以及配件的费用，以及一些特别需要关注的成本。

设计师需要保存好经常使用的物件（特别是那些随着时间的推移历久收藏的物件）以及借出展示后，归还时需储藏好的一些物品，如安全别针、首饰、鞋油、假发带。

在一些常见的电视节目系列剧里，设计师需为演出人员提供舞台服装设计。在节目的展示中，表演者需要不同的服装造型来展示角色的个性特点，但同时服装还要坚持总体的设计理念。设计师和演出人员有时一起出外采购用于系列剧的服装。拍摄结束后，表演者可以购买他们穿过的服装，也可以在拍摄过程中因私需要而借出服装。

如果表演中有一套规定的舞蹈动作，那么设计师需要仔细观摩并了解这些套数及动作，当编舞者与化妆师共同商榷设想后，可形成更为准确的方案。设计师要提前阅读剧本，以便拍摄制作。

在给较为年长的表演者设计服装时，设计师为了表现真实感可以选择至少十年前的服装。一般领取养老金的长者不会穿着非常时尚的服装。在他们的衣橱中，服装可能是从几十年前收集到的。这不仅适用于当下同时也适用于某一特殊时期。舞台服装商店里可供参考的藏书有助于对细节的把握。

当拍摄的场景不在室内时，则需要根据场景与舞台服装店的距离来制订计划。所有的剧服需要按照准确的演出轨迹挂上衣架运往合适的地点。如果拍摄地点是在国外，设计师则要一同前往。所有的服装物品在离开店面之前都要做好记录和配上标签，以便于在拍摄时若有丢失而进行查管。

如果一个场景需要拍摄多次，应配备服装的复制品，以防止装束在某一情节中被浸湿而影响拍摄。设计师要支付服装干洗的费用。影片制作的视幻设计部门与设计师通力合作，由设计师将形象设计出来并表现于纸面上后，视幻效果的团队依照设计图进行制作。他们有责任在尽量减少危险的同时表达出一定的效果。

尽管舞台服装设计与时装设计没有直接的关联，但从事这项职业时需要具备与时装设计相同的技能，同时要求舞台服装设计者们精通历史服装和当代服装知识。

图片来自于Young Englishwoman 杂志

Fashion Editor
时尚编辑

一般而言，杂志要在出版前的三个月开始着手工作，以确保有充足的时间进行调研、拍照、文本编辑、通过艺术管理部门的校队、提交给副责任编辑，以及最后呈交给负责印刷确认的首要编辑。

作为杂志的时尚助理，其不仅仅是造型师，他们的工作角色和承担的工作责任是多样的。如今，造型师的职责更为宽泛——造型工作还要联系到摄影以及所提供的摄像摆设、餐品、流行音乐、时尚生活方式流行趋势刊物（生活方式涉及影响我们日常生活的方方面面，包括我们所享用、提高我们生活质量的一些内容，例如室内陈设物品，某设计师品牌的冰柜或茶壶等）。

时尚杂志造型师可以通过影像等基于时代发展的一些媒介手段来展示他们的多才多艺。

在时尚杂志部门里包括了时尚总监、高级时尚编辑和时尚助理。时尚总监负责制定每一期的主题内容。

总监要确保所提出的主题方向和内容吻合该杂志既定目标读者的时尚风格、年龄以及相应预算。接下来，杂志即将呈现的时尚主体特征要同编辑、时尚编辑以及团队中的一些工作人员进行讨论。然后项目工作被分到不同的人员身上，并完成好预算的分配工作。拍摄用的模特、摄影师、场地租金、交通费和餐饮等花销比较大。服装的拍摄可以是模特着装效果，或是不着装的平面展开效果。

一般情况下，时尚编辑部门每一期需要负责30页的版面，其中包含了两个时尚主题和“最畅销”页面。例如，两个时尚主题采用摄影的方式，在追随该季流行的大势所趋中完成。最畅销版面则可以体现多个流行要点。

针对盛夏时节发行的杂志，杂志社需要投入较多的资金到国外拍摄图片，以保证有四、五月份那样的好天气。高级时尚编辑可依照总监与主编提出的标准，设计完成第二个时尚主题内容。

时尚助理要协调配合时尚总监和高级时尚编辑的工作，有时也要独立完成拍摄。时尚助理要完全领会总监以及高级时尚编辑的摄影意图，并能够随时接任这些工作。

简报概括的是杂志中所采用的流行趋势主题信息等内容。在讨论所选服装类型的同时，还需调研这些装束对于表现主题思想的潜能有多少，以及在哪里可以找到这些服装。

拍摄地点可能在英国或是国外，或是在摄影棚里完成。摄影棚或许是收费的，也许是免费的。关于日期，要提前预约并在电子日历中标明。在与艺术管理部门协商沟通所需拍摄的图片类型后，接下来的工作则是从摄影师名单中挑选适合的人员。模特要从模特经纪代理公司所提供的档案中进行挑选，当然最终的人选取决于试穿后的效果。租借用的服装必须在杂志中标明商行的名称、设计师名字以及价格。

当租借服装时，要与服装公司的公共关系部门保持较好的联络。一些公共关系公司和公司内部的公共关系部门拥有一个或多个服装品牌，并负责给客户们提供最新的系列进行观摩。他们负责联络并管理好租借的服装以及了解何时归还。通过预约或者是在媒体公开日前往展示厅可以挑选拍摄时所用的服装款式。

杂志社里，所用的服装样品要挂起来，由设计助理进行系统的编号并做标签以便于归还。当所有的服装到位后，针对整体造型的一些内容（服装配饰、发型设计、化妆）就可以开始了。在拍摄的前一天，需要将服装挂入整理袋并写明拍摄地点的详细地址。

拍摄时一些服装需要熨烫整理，还需备用一些装束以防万一。

在拍摄的过程中，对已使用过的服装要有标识，并附上服装的供应商名称和价格。摄影完毕后，所有的服装须装袋归位以便于还给公共关系公司。所有租借服装的相关文档需要仔细保留，以作为归还给公共关系公司时的使用凭证。

拍摄后，有关的借用凭证应归还至杂志社相关部门。之后开始图片选样和文本字幕的编辑工作。当以上工作完成后，即可发给编辑审阅批准，然后再送到杂志社的艺术管理部门作印刷前最后的校对。

两个月之内，杂志即可出现在消费者的面前了。

图片来源于诺森比亚大学时尚市场营销专业三年级学生作品

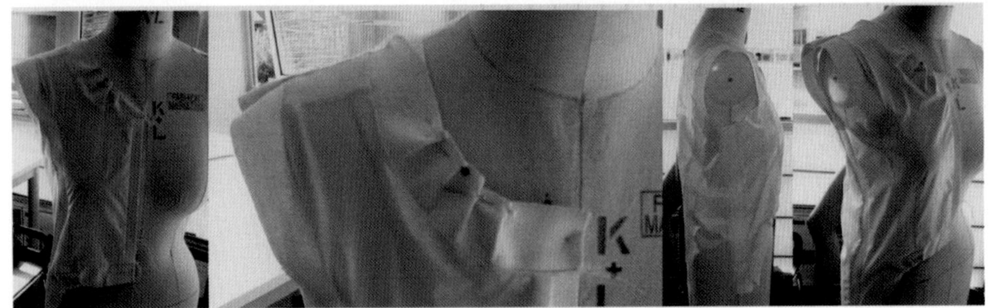

图片来源于霍莉·阿米蒂奇(Holly Armitage)作品，其主题名称为“自命不凡”

Product Development Consultant 产品开发助理

产品开发助理的工作内容涉及整个开发过程中的各个方面，包括了从设计的研发拓展到新产品发布时质量监控等工作（为了达到运用此书练习的最佳目的，在这里所指的“产品”涵盖了与时尚有关的很多品类，如与生活方式紧密相连的产品以及室内陈设一类的物品等）。

当零售商将他们的“关键路径”即整个工作的步骤安排等分发给供应商时，工作周期就开始了。关键路径给供应商规定了所有的日期包括最后期限。还包括了作为确认产品生产前的一些与会日期和当时需提交的内容，也包括了准备分发给零售店的日期。

一旦供应商从零售商那里接到设计提要，针对产品的调研工作即开始了。有关产品信息方面的问题，供应商将安排战略决策会议进行讨论：

- 通过对高街时尚区域和设计师品牌店集中区域有比较性的和有指导性的采购，了解可比货品的价格、面料、质地品质等，同时关注那些能够激发流行感和新兴趋势的时尚产品。
- 将这些购买的时尚产品带回来做进一步的分析。

报告中所包含的具体信息有：产品类型、价格关键点、面料/纤维成分、颜色以及针对产品独特之处的描述。

部门经理和面料技师需要参观如法国第一视觉面料博览会等类似的展会，以便了解更多的信息。在展会中一些样品可供挑选，并可下发订单，这些信息可用于数月之后呈递给零售商的设计报告中。

参与生产的加工商严格按照由供应商和零售商制定的“白色封印标准”进行生产。它包含了针对产品质量要求的一些内容（针对每一款式和每一品类应有相同的格式指导）：尺寸、颜色、面料和款式造型。

负责生产的经理和主管有一个前期会议。一般这个会议是在完成了研发工作以及比较性采购之后进行的，会议中，他们需要对所采集的样品和设计理念做出决策，并整理出哪些内容是必须在战略会议上向零售商进行展示的。对于当前的流行趋势（来自于高街时尚领域和设计师品牌设计）、历史销售业绩（店里曾经销售较好的产品）、价格定位（由零售商做描述）等都需要有所回顾与展望；最后由商家们来统筹咨询商议结果（因为由他们来决定哪些是公司支付得起的投入）。随后在会议中还要对产品概念进行阐述，阐述中包括了关键款式造型、设计细节和织物特点、工艺特征和创新点。

对供应商的影响和局限有：他们能够提供什么（例如能提供哪种质量的纱线？），商家们的主观销售意愿来自于零售商提供的价格要求以及应季的色彩色样要求等。

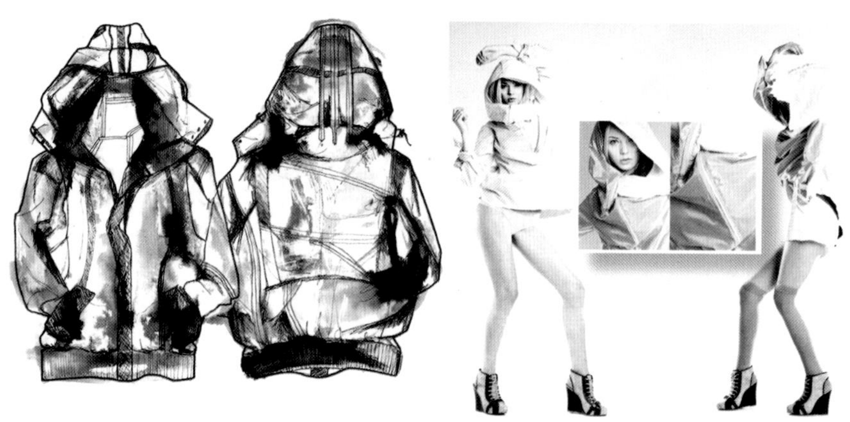

一般纱线和面料的采集于材料博览会上进行，或是从海外供应商处购买。纺织品部门负责服装从生产初始到后处理的全过程，同时负责选购合理的纱线重量以及色泽。

服装生产厂家通常和面料供应厂家不在一个地区或国家，因此要充分考虑好订货与交货的时间周期，以保证从加工到运回英国的店面，产品的发布是及时而有效的。

设计助理需要为生产厂家制作产品规格图。这些绘制要求非常精准地解释并体现了设计的效果，以至于能够很好地传递设计要求，图中还包括了用于指导生产使用的测量结果。

与生产厂家保持沟通是设计助理的又一职责，有时他们要面对因语言和时差上的不同而带来的困难。当样品运至后，他们需仔细检测样衣中可能出现的问题，并提出意见。生产制造商在出产所有的货品之前会被告知哪些需要改动。所有的产品都需要打上供应商的标签，以便在零售商那里产品不会被混淆。在产品开发的同时，包装设计也需要被考虑在案。由零售商给供应商提出包装的要求。由设计助理完成主题概念情绪板、产品设计拓展板以及整体设计展示板等供会议使用。在产品概念提案会议中，产品设计拓展板和时尚风格展板用来帮助讨论会议中遇到的样品开发问题。

最后在展示间里呈现的所有产品设计需要在主题概念板中进行表现。展示会议间的场景布置要适合会议的要求。这是一次至关重要的会议，所有的内容要尽善尽美，在此，零售商要做出最后的决策即哪些是希望投入生产的产品。

当零售商做出决定后，他们将告知供应商需要改动的有关建议，由供应商完成最后为产品见面会制定的白色封印标准——第一阶段的产品样品。在此会议期间，白色封印样品应包括其准确的色彩和面料方案以及完整的工艺配置说明等。

在生产期间，技术人员在设计助理的协助下进行质量控制检查，以确保产品达标。从最好的样品中选择三件作为盖白色封印章的样品，并附上标签以及供应商的名称、生产编号和最后一次产品见面会的日期。供应商按照零售商提出的产品数量向生产厂家订货——即为绿色封印产品。由零售商等共同参与的会议上，确定产品的质量能够达到标准。如果产品不合格，则会退还给厂家（RTM），而导致供货商大量的经济损失。

在此环节，合格的产品将会下发包装订单。当供货商收到包装样品和标签后即可对产品进行包装，此包装以备绿色封印会议使用。如果零售商对产品包装的外观表示满意，即可签订绿色封印标签（Green Seal tags）。在此阶段可以下发批量生产，以供应卖场销售时备货用。一定要留意订货与交货的时间周期，以便于针对销量较好的货品再次制定生产订单。

任何由零售商或者消费者提出的有关服装上因技术不足而产生的问题，包括退货等问题，一般都由设计助理同供应商的技术部门协商处理。

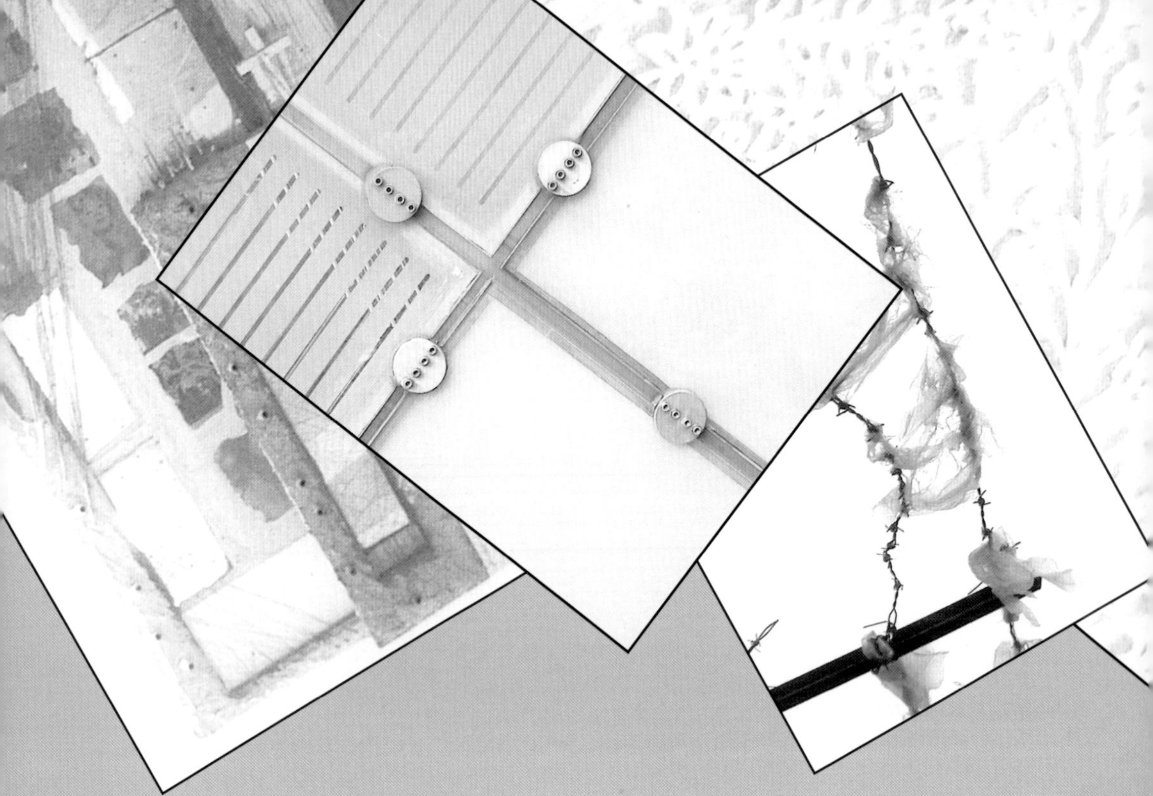

Fashion Forecasting Consultant 流行预测咨询师

流行预测公司往往是一些规模不大的出版公司。他们拥有核心的设计队伍来完成与艺术设计相关的工作，同时还有核心的行政队伍，负责公司的商业往来，包括财务、薪酬和一般性的办公事务。

流行预测的过程按照一定的模式展开，往往由商业契机引导创意设想，然后完成针对临近季节而开发的时尚主题，从而编辑成具有前瞻性的限量版纸质出版物。

设计方面的核心团队由男装、女装或者童装设计师以及色彩顾问、面料顾问和平面设计师组成。

对自由职业者的雇佣可以弥补因核心团队人员在知识领域或专业方向上引起的不足。例如，一位经验丰富的女装设计师将被聘用完成针对某个特定目标市场的咨询顾问工作；或聘请自由职业针织设计师为刊物制作有流行指导意义的针织样品。当然，有时雇用自由设计师的原因并不是核心团队的设计师们不能胜任，而是因为他们的任务非常繁重而需要帮手来及时完成工作。

核心团队的设计师们负责制定设计理念，对色彩、面料和主题方向要有明确的规划并能够协助参与人员完成好自身的工作。流行预测刊物拥有非常独特的风格，每一位参与者都需要在展开工作时遵循此风格。

学生可以被雇用来完成一些比较耗时的工作，例如从海量的杂志里寻找与主题板相关的图片，或为大量的图片做存档工作。当然学生们需要通过学习来提高，在具有了一定的能力后可以被允许完成一些有创意性的工作。

基于频繁的书籍出版更新和咨询项目工作，设计人员有必要对时尚界正在减弱或正在增长的趋势动态保持良好的感知。每月他们要翻阅大量的国内外时尚杂志，同时还要关注电影、音乐、戏剧、艺术以及文化活动等走向。

对于面料的拓展还需观望其在时尚与服装上的成效。设计团队需要经常光顾欧洲的一些服装与面料博览会，例如法国的第一视觉面料博览会。他们中有一些人员位于世界各地，从而能够及时收集具有较高敏感度的时尚信息。

流行资讯公司的全职人员由以下一些成员构成：首先是高级编辑，他们负责公司运行的总体理念，并将这种设计理念贯彻到所出版的刊物里；其次是出版人员，他们主要负责技术层面的工作，将所集合的信息进行系统的归纳；再者，有关零售与商品方面的专业人员以及服装流行预测指导人员，主要的工作是服务于各个不同的客户，在掌握客户所需同时，他们为客户提供比较详细的有指导意义的趋势信息。他们首先要精通专业，同时对于多变的时尚市场要有洞察力。同时，也向新客户销售趋势报告等刊物。

成功的流行资讯公司在提供较为精准的时尚趋势发展信息的同时，还能帮助他们的客户在有效的时间内拓展个性化的零售空间。流行趋势的发展动向受多方面的因素影响，它们有社会的、文化的、政治的、经济的，以及来自人们生活方式改变的、高科技的、媒体和零售业的等等。这些较为超前的信息一般由位于伦敦、巴黎、米兰、纽约、佛罗伦萨和东京等世界时尚都会的国际时尚资讯通讯员们来记录、提供并传递。设计师团队则是在这些信息基础上分析并把控时尚消费者的穿着趋向。

服装设计师、时装插画技师的工作是针对男装、女装、童装的设计展开表现，他们在绘图中将设计概念演绎成具体的款式造型。他们通过视觉图画等方式将流行趋势中的设计理念表达出来，还需精心打造每一个不同品类物件在比例尺度和风格造型上的不同，以使得相关人员在运用此图例时能够很好地掌握图片所提供的视觉信息。国际代理商将这些成果与服务在全世界范围内进行推广。

Textile Agent
纺织品代理商

纺织品系列开发工作一般于其公布于众的前一年就开始了。由流行预测机构专门收集有关信息，通过对设计师作品发布会以及高街时尚系列的研究来完善并展开设计。纺织品代理商代表纺织织造厂来出售这些面料，纺织织造厂在多个国家都有代理。

纺织品印染厂在每一次的系列发布时会呈现30个新型花样印染设计。在最后确认总体方案之前要根据所提供的颜色来完成色彩的组合搭配。从中选择出最后的设计方案及制作印染时所需的网屏。所采纳的颜色越多，印染的费用也就越高。一个八色印花的成本高达2000美元。工厂可以自行设计，也可以购买设计。

通过色样调整来匹配零售商们要求的色彩效果，通过计算机辅助设计(CAD)来完成印花图样的模板制作。这些由位于不同地区和国家的代理商负责完成，这样有助于纺织品印染工厂顺利开展他们自己的工作。

在制定面料订单的同时，货品的分发需要协商进行。对大批量印染布料的配送可能需要四周的时间。基础布料的情况取决于客户的要求。在订单确认后，需要订购“基础灰布”（没有染色的基础布料）来完成印染。根据客户色彩的要求印制小片坯布料样，并提交给工厂进行审核。在代理商确认色样后，工厂就可以开始染色、印花和后处理了。印花可采用“直接印花”或“拔染印花”技术等。

织物的后整理是化学过程，它可以改变织物的手感或让布料变得更柔软。一卷轴布料大概有50米长并分为不同的色批——每次这些不同的色批布料由印制人员通过重新混合染料生产完成。尽管所要求印染的颜色是同一个，但染色后可能会略微有些不同，因此要在生产备注上说明此点。包装单上要注明每匹布的编号和色批，在送往代理商之处时随同剪下的批次料样以供确认。后期生产服装的工厂即可依照此料样安排不同批次布料的裁剪工作。

第一视觉博览会是服装和纺织品生产厂家主要关注的面料交易会。在会上，买家和厂商们可以看到成千上万的不同料样。面料代理们可以和客户直接签订销售订单协议。

纺织品工厂出产的大批面料一般由代理机构监控并送往目的地。任何来自欧盟以外的产品需要办理海关手续。运往英国的货品首先要发送到由代理商指定的运输机构，在地址确认后进行发送。纺织品代理商负责售后的一些交涉。

Recruitment Consultant
招聘顾问

服装招聘顾问需要广泛了解有关男装、女装以及童装设计方面的常识。他们还需对一些较为专业的领域有所了解，如内衣、配饰、纺织品、针织服装、家居服装以及运动装。“非”服装设计领域的招聘范畴里涉及了生产、时装绘画、产品拓展、零售、视觉陈列、商品企划、销售、平面设计、流行预测、买手、质量监督、板型裁剪和管理等。固定职位包括了从初级到高级以及到主管等不同的岗位。

招聘顾问需要很好地了解服装行业的变化以及发展动向。他们需要洞察最新时尚专业毕业生的情况，包括其所学时尚科目的课程以及较为优秀的毕业展。他们还要熟知哪些设计师在给什么样的服装品牌做设计，哪些公司濒临倒闭，哪些是服装T台秀场的宠儿。他们同时也要感知服装贸易的走向及发布会动向，通过参加时装展演和服装博览会获取一定的信息。他们需要订阅最受欢迎的时尚期刊，例如《时装业》(*Draper Record*)、《女装日志》(*Womenswear Daily*)、《女装买手》(*Womenswear Buyer*)等。每一位招聘顾问被要求尽可能多的掌握以上信息。对遍及欧洲不同地区的博览会和展览做深入参访也需要同时进行，例如巴黎的第一视觉面料博览会和意大利佛罗伦萨时装展。在这些活动中，顾问不仅要会见老客户，还要结识新客户们。

招聘顾问的工作要求很高。一些享负盛名的服装公司都有这一职位，它要求有一定的耐心、灵活度、持久性、良好的沟通能力、谈判能力和“对时尚的热情”。

客户们是公司创收的源泉而不是等待中的被选者。顾问需要全方位关注不同级别的时尚市场以及相关领域，其中包括：生产制造、零售行业、设计师品牌店、高街时尚、大众市场、设计师、成衣设计以及高级时装设计。一些代理机构专门为行业里从商多年的常务董事们提供新晋时尚专业毕业生的情况。

求职者需要充分准备个人作品集：手绘图稿，例如产品规格绘制图和平面展开效果图，时装插画或是人物绘画等任何能够展示他们在专业领域诸多方面能力的作品。他们还需要在设计理念上有比较宽泛的认知，如清晰的平面表现图例，对色彩、面料以及织物印花等有充分的应用及展示。求职者还要对一些积极的批判性建议能够保持宽容，有表达设计构想的主动性，做事坦诚并有条不紊，对完成整个招聘过程有一个良好的心态。

求职者自行填写登记表，包括一些相关信息如教育背景以及之前的雇主。招聘顾问会给每一个从代理处被认可的求职者建立档案并书写总结。

Supplier 供货商

买家很少直接与生产制造厂家来往，他们比较喜欢从一个可靠的且值得信任的代理或者称为供货商的第三方那里购买货品。

供货商一般从事两种不同类型货品的供应：一种是自有品牌系列的货品，通过自己的零售店或是批发给一些小型的时装店进行售卖；而针对高街时尚连锁店进行独有的设计是另一种货品供应方式，这样的品牌有Top Shop、Miss Selfridge以及Wallis。其产品的生产制造可能在国内或是国外，这要取决于生产的成本和某类所需生产技术的权威生产地源在哪里。供货商需要经常外出走访以“获取”生产过程中合适的款式、面料、装饰以及其他信息等等。

所有供货参与人员要紧密合作以确保按照买家制定的较为严格的日期表进行发货。任何未按期供货的情况，都会在最后一时刻被买家取消订单而蒙受损失。

因为参与到时尚货品的供应链中，供货商从事的这个职业即充满了挑战，同时又不乏回报，他们需要与从事买手的人员建立长期的业务往来关系，经常出差走访，有时也参与买家的会议。

供货公司主要负责的内容包括从设计、样衣制作、定价、售卖到生产运输、后处理以及向买家发货等。因而在时尚行业这个领域里有很多就业的机会，如设计、生产、市场营销或与买家联络，以及在客户经理的管理下处理订单等。

“供货商”与生产开发人员的工作有些相似，一些有关细节已经在生产开发这个行当中有所描述。

图片来源于阿米莉亚·切斯特 (Amelia Chester) 女装系列作品

Case Study 案例研究

展开案例研究，希望借此加强对本书中重点阐述内容以及关键点的理解。案例研究涉及的内容广泛，并符合整个设计发展历程的需要。案例研究基于每个人不同的哲学思维思想观与价值趋向以及对设计概念的理解，从而找到合适主题风格的解决方案并做出一定的解析。设计师需要设定相关参数才能更好地做出决策。在解决问题的过程中有很多不同的方式方法，这样使得设计非常有趣，没有绝对的对与错，只要能够在既定的时间确切回答了设计提要中的问题即可。

这里描述的案例中，有着各不相同的关注点。在此会涉及一些“专业领域”如内衣项目，女装T台展示系列时装设计项目，以及平面设计、插画类等项目。

“案例研究”章节始于一个假设的女装设计项目，逐渐勾勒出不同拓展阶段的设计结果。

提要举例

消费者对于时尚的态度是千变万化的。一方面因为有了互联网，整个世界都在我们的指尖下，随着鼠标的移动我们可以获取大量的信息。由此我们能够更好地了解和感知发生在全球的事件；另一方面，消费者们在跟随“地球脉动”的同时，也伴随着对不安的网络空间、铺天盖地的媒体宣传、政治立场的大肆宣扬产生的反感。他们开始向往放慢节奏的怀旧生活，开始对乡村消遣以及手工艺传统文化萌生强烈的兴趣。

请铭记这些并着手设计一个秋冬女装系列。这个系列能够覆盖主要品类以及具有潮流感的单品，使整个系列不仅有新鲜感，并且更值得拥有。这个系列针对的是中档市场的专卖店，首要目标客户群体是年轻的消费者。

个性化设计原理

- 创作有棱有角的个性化设计，可以采纳一些与众不同的方式。设计中可能选用非常有趣的轮廓造型或是一些细节——如只有近距离才能感知的细节。
- 打造一系列多姿多彩的休闲装设计，使它们既适合平日穿着，也适合周末或闲暇时间精心打扮时穿着。
- 有关主题风格文字上的描绘不需要太多，视觉上选择对设计有一定影响力的内容，如一些好玩的单元、最基本的内容，或是服装结构兴趣点等。
- 伴随着对服装结构工艺趣味点的体会与设计，将服装的空间造型作为重要设计思路。
- 如今，技术混合后的板型设计可谓千变万化，而颜色的协调设计是可以根据需要来控制的。例如，有节奏的色调变化可以产生一定的律动感。

设计的过程是从诸多不同的初始阶段着手探讨的，接下来是海量的调研工作。通过对当下流行情报的掌握开拓系列设计；收集时尚杂志中最新流行风格造型的图片；及时了解店面销售报告；总览多个灵感来源思路以及分析总结色彩方案；筹划图形图案布料表面印制实施；汇总灵感视觉影像图画资料；确认印染方案；由此，设计的拓展基于如此丰富的发现而步入初轨。通过对服装中的色彩、印染图案、面料材质以及整体设计中的比例、平衡等等方面的协调，具有特色造型的时装设计将一览无遗。

关于设计的概念、风格的定义、“品牌的形象”等较为感性的问题将被注入具有说明性的解析中，而做进一步的宣传与使用。

案例分析1 Womenswear & Print 女装 & 印花

设计新手们着手服装设计时往往对潮流趋势把握得较为谨慎，对设计目标的锁定也比较相似，如主要针对年轻一代消费者。他们对印花图案以及多层次造型的使用情有独钟。立体裁剪以及面料改造等设计手法也很受他们的青睐。

事实上，只有你真正观察并理解了整个系列是如何运作的，你才可以很好地在纸面上用绘画的方式传递这些设计。仔细观察色彩组合搭配和各色之间的比例关系。对于面料上的图案、材料本身以及多层次的混合设计运用得如何。是否很好地应用了服饰配件而使得整体“风貌”非常入流。

接下来的多个跨页中展示的设计来自于ID杂志，ASOS（英国最大网上时装店）的一些流行款类以及Top Shop（英国著名时装品牌）的广告宣传资料。通过绘画进一步理解的不仅仅是这些时装，还有整体造型中的时尚态度、人物动作、服饰配件等一并打造出来的设计格调。这些“组合内容”还可用来塑造设计理念。

来自专卖店销售报告中的数据，对服装设计中有关造型以及细节等市场反馈的效果做了很好的记录，这些资料有助于进行合理的服装批量生产以及后处理等。

ASOS £10 EAR MUFFS £42 BLANKET WRAP £18 LEATHER BELT £44 FISHERMAN RIBBED DRESS £36 LEGGINGS £8 FAIRISLE KNEE SOCKS £55 SUEDE BOOT
£65 LOWIE NORDIC HAT £50 FRENCH CONNECTION SCARF £48 ASOS CARDIGAN £40 RIBBED MAXI DRESS £ POMPOM MITTENS £55 ASOS SUEDE BOOT
£16 ASOS KNITWIT POM POM HEADBAND £38 FAIRISLE JUMPER £30 CABLE SHORTS £28 RIBBED LEGGINGS £5 KNEE HIGH SOCKS
LOUIS VUITTON JACKET-JUMPER STELLA McCARTNEY

ASOS £26 BUNNY FUR HAT RIB SNOOD £16 £32 JUMPER £40 MAXI SKIRT
ASOS £75 CABLE SNOOD £26 INTARSIA CAPE £30 DRESS £30 SKIRT £10 BEAR GLOVES
KENZO TROUSERS + TOP
£14 CALVIN KLEIN KNEE SOCKS £70 ASOS AVIS ANKLE BOOTS
OVERSI… DRESS
£350 COOPERATIVE DESIGNS
JOHN GALLIANO DRESS + OVERSIZED HAT

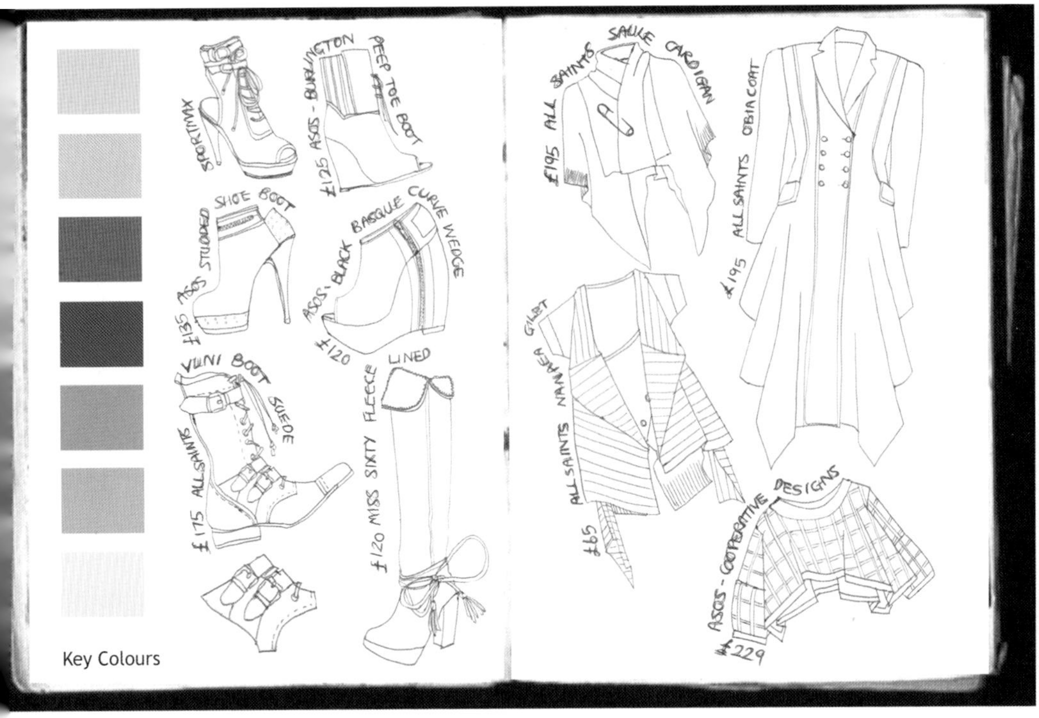
Key Colours
SPORTMAX
£125 ASOS - BURLINGTON PEEP TOE BOOT
£135 ASOS STUDDED SHOE BOOT
ASOS - BLACK BASQUE CURVE WEDGE
£120
£175 ALLSAINTS VUNI BOOT SUEDE
£120 MISS SIXTY FLEECE LINED
£195 ALL SAINTS SAULE CARDIGAN
£195 ALL SAINTS OBIA COAT
£65 ALLSAINTS NANAEA GILET
ASOS - COOPERATIVE DESIGNS
£229

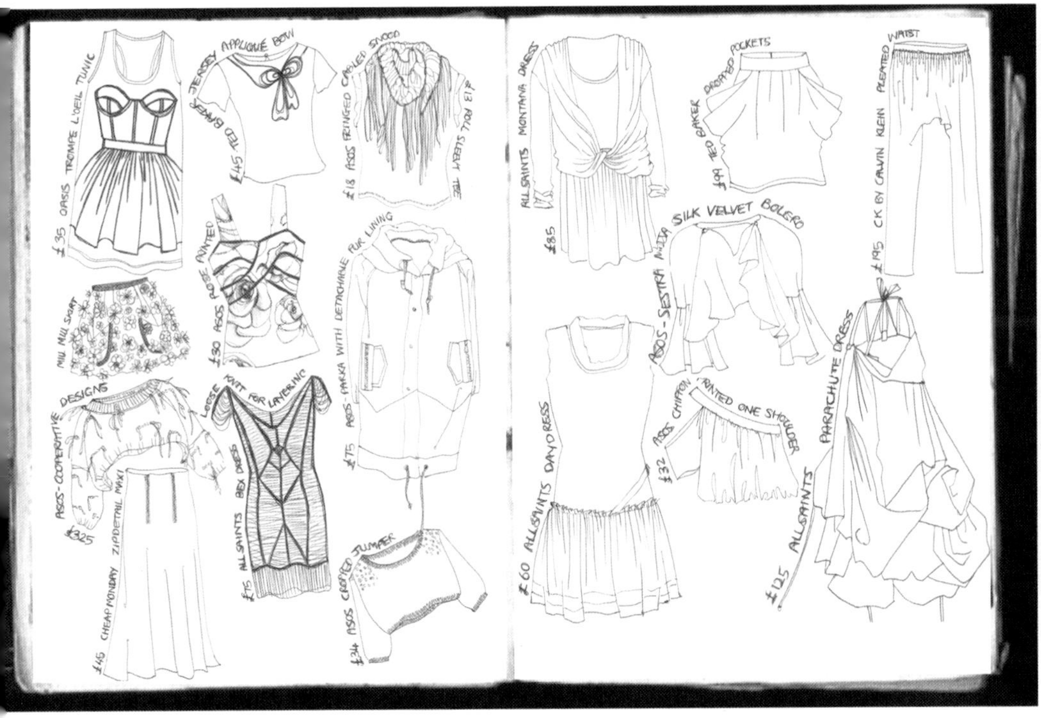
£35 OASIS TROMPE L'OEIL TUNIC
£45 TED BAKER JERSEY APPLIQUE BOW
£18 ASOS FRINGED CABLED SNOOD
MIU MIU SKIRT
£30 ASOS ROSE PAINTED
ASOS - COOPERATIVE DESIGNS
£325
LOOSE KNIT FOR LAYERING
£75 ALLSAINTS
£75 ASOS - PARKA WITH DETACHABLE FUR LINING
£45 CHEAPMONDAY ZIPDETAIL MAXI
£34 ASOS CROPPED JUMPER
ALLSAINTS MONTANA DRESS
£85
£99 TED BAKER DROPPED POCKETS
£195 CK BY CALVIN KLEIN PLEATED WAIST
ASOS - SESTRA SILK VELVET BOLERO
£60 ALLSAINTS DAYO DRESS
£32 ASOS CHIFFON PRINTED ONE SHOULDER
£125 ALLSAINTS PARACHUTE DRESS

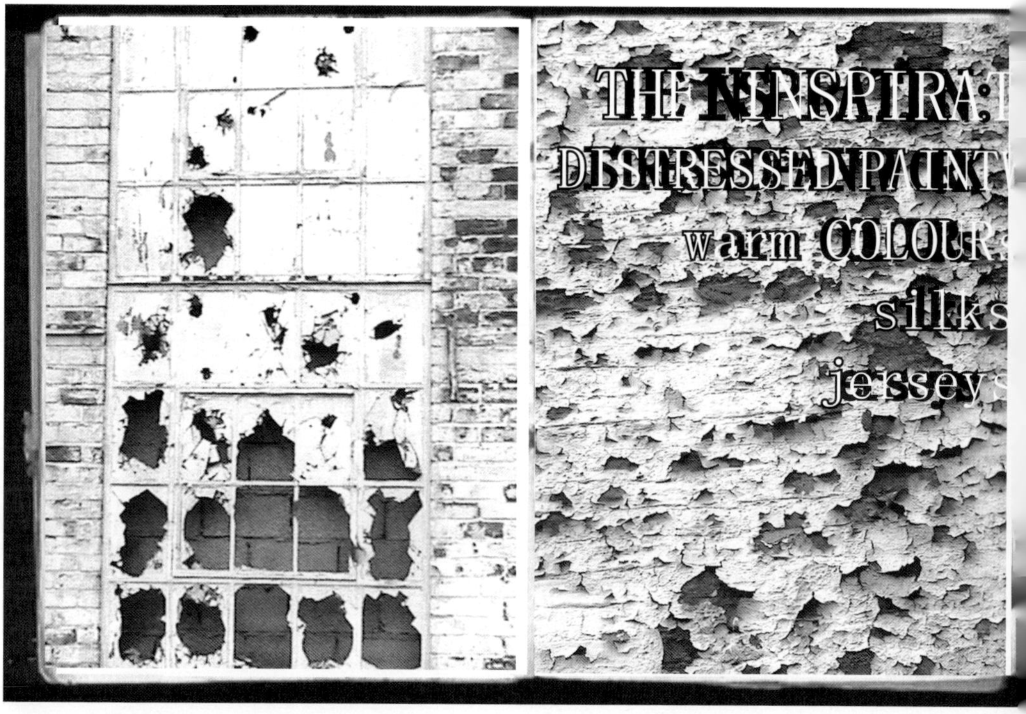

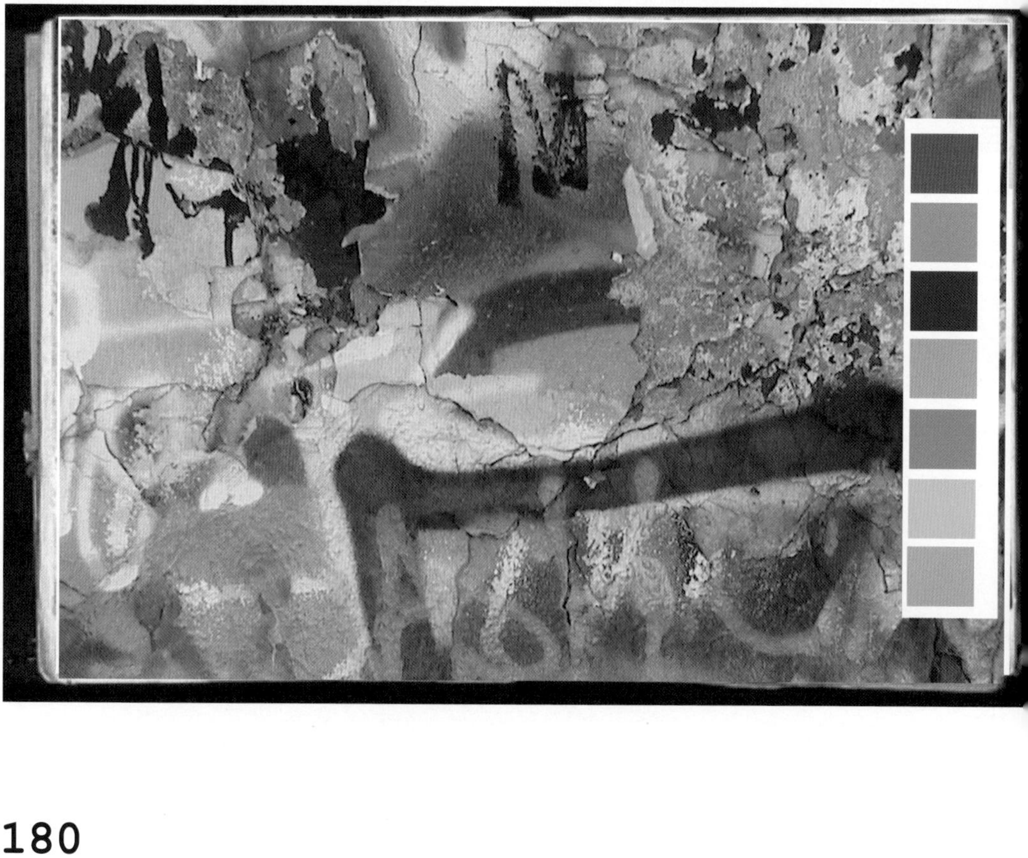

NO SMOKING
D50
C60

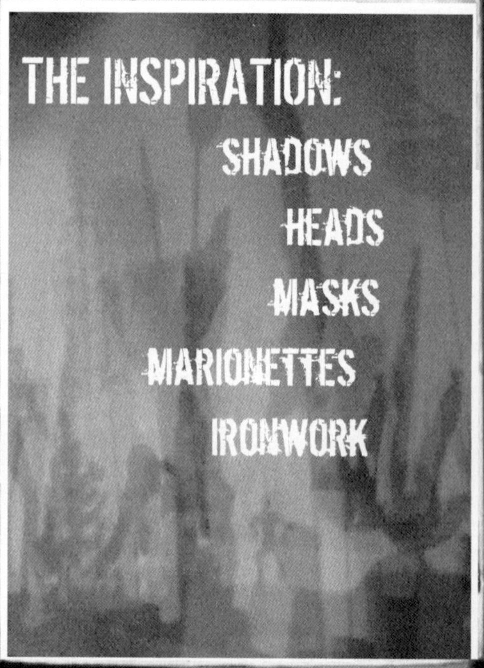
THE INSPIRATION:
SHADOWS
HEADS
MASKS
MARIONETTES
IRONWORK

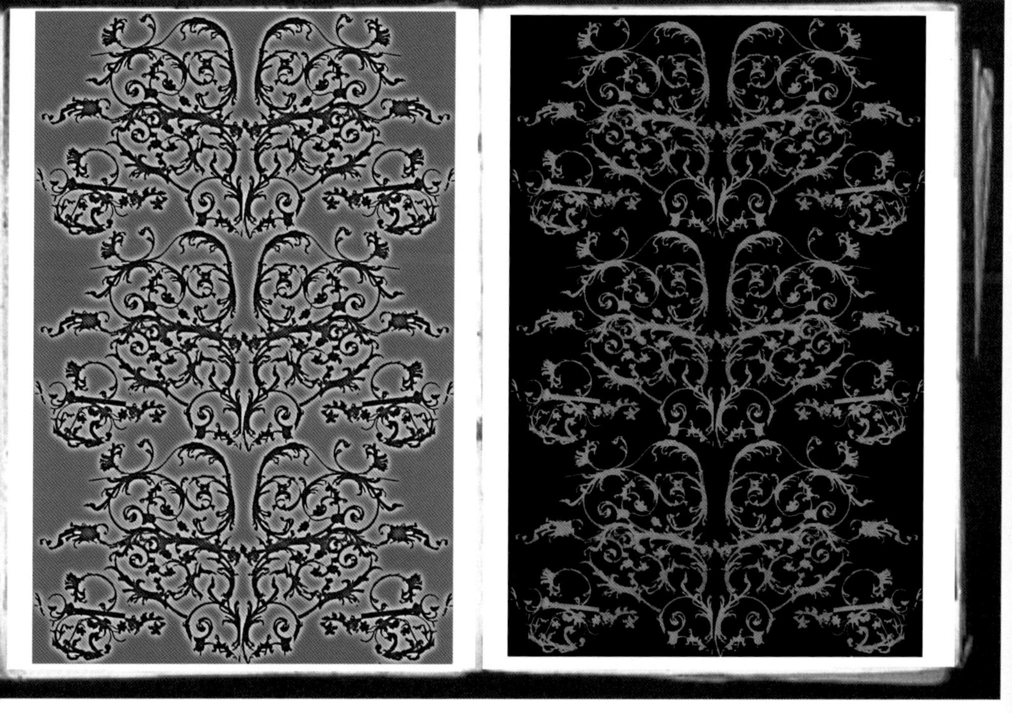

Print Development 图案设计

这些图画作为灵感收集训练的一部分，是从街头艺术、时尚插画以及玛雅文化艺术等图例中汇集而来的。

时尚流行的发展与延伸需要不断地被解释，一部分内容需要被落实并得以表现，例如下一个跨页中灵感来自玛雅文化的图案应用。

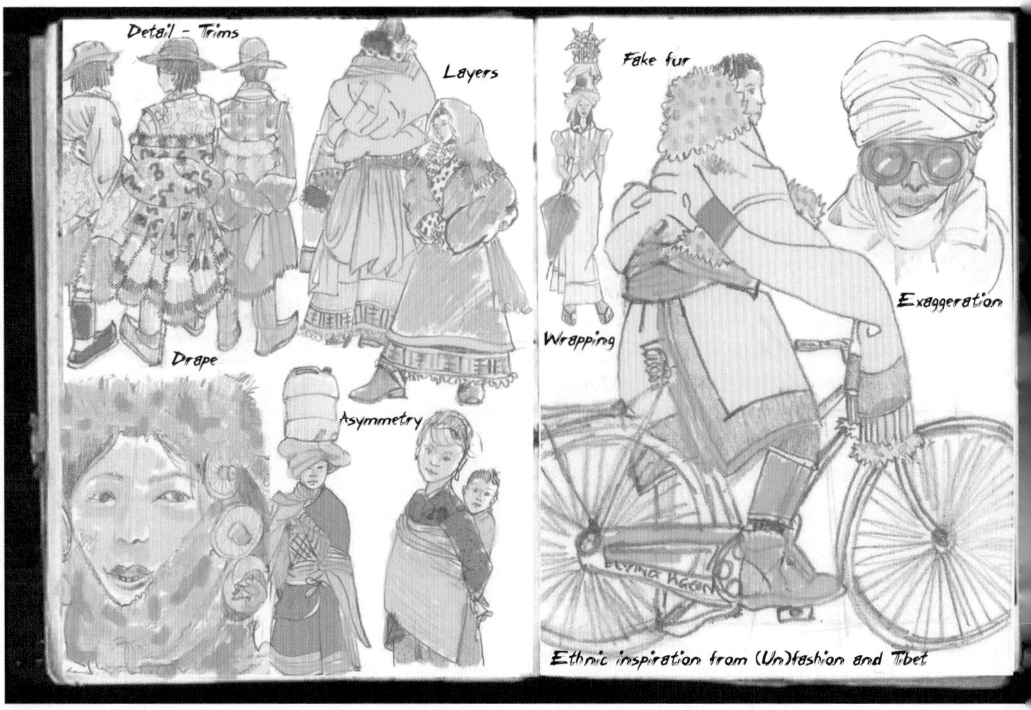

Detail - Trims

Layers

Drape

Asymmetry

Fake fur

Wrapping

Exaggeration

Ethnic inspiration from (Un)fashion and Tibet

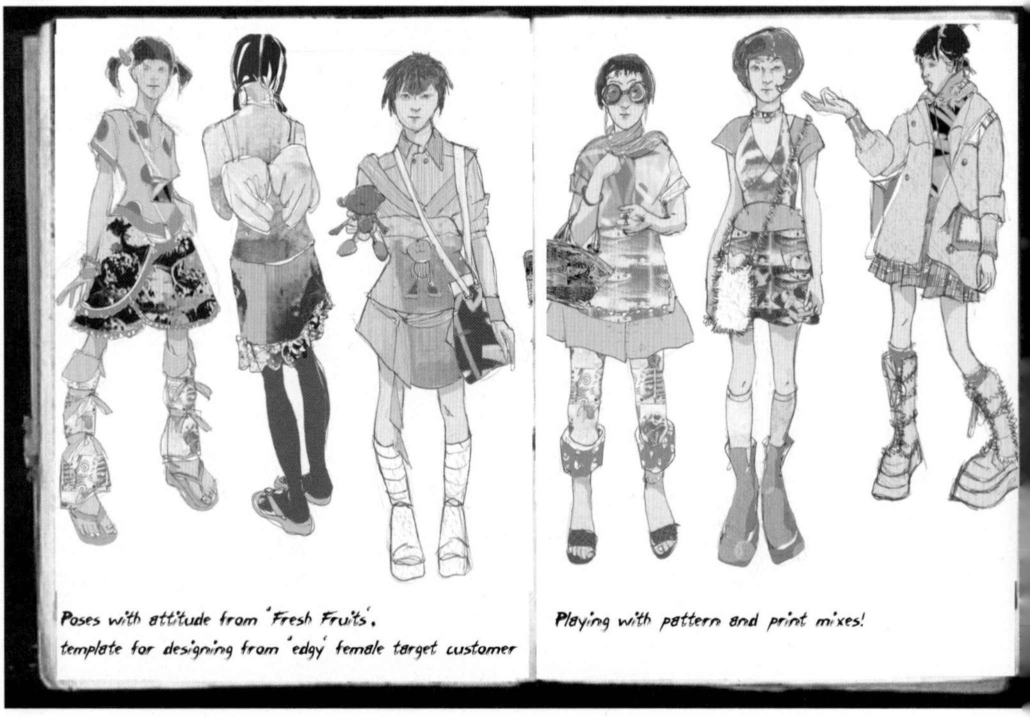

Poses with attitude from 'Fresh Fruits',
template for designing from 'edgy' female target customer

Playing with pattern and print mixes!

DESIGN
DEVELOPMENT
KEY WORDS:
CUT:
Drape
Wrapping
Layers
Detail - Trims
Exaggeration
Asymmetry
Sculptural silhouette
PRINT / PATTERN:
Masks
Shadows
Puppets
Marionettes
Slightly sinister
Large scale
Abstract
Texture - fake fur
Detail - Trims
Large scale
Exaggeration
Drape
Asymmetry
Puppets
Masks
Wrapping
Asymmetry

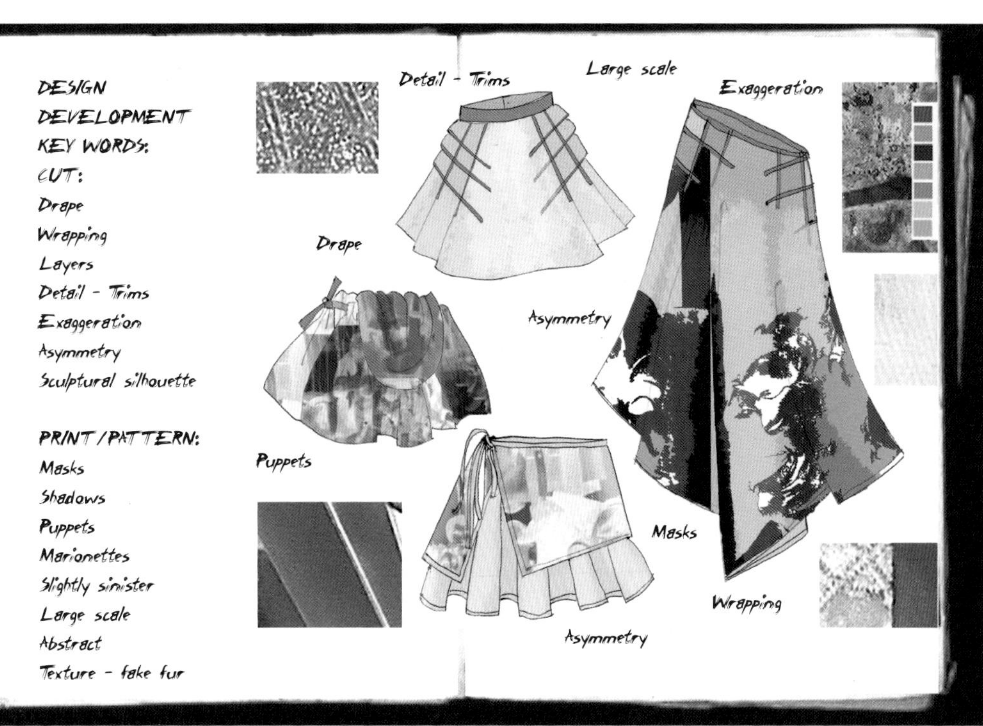

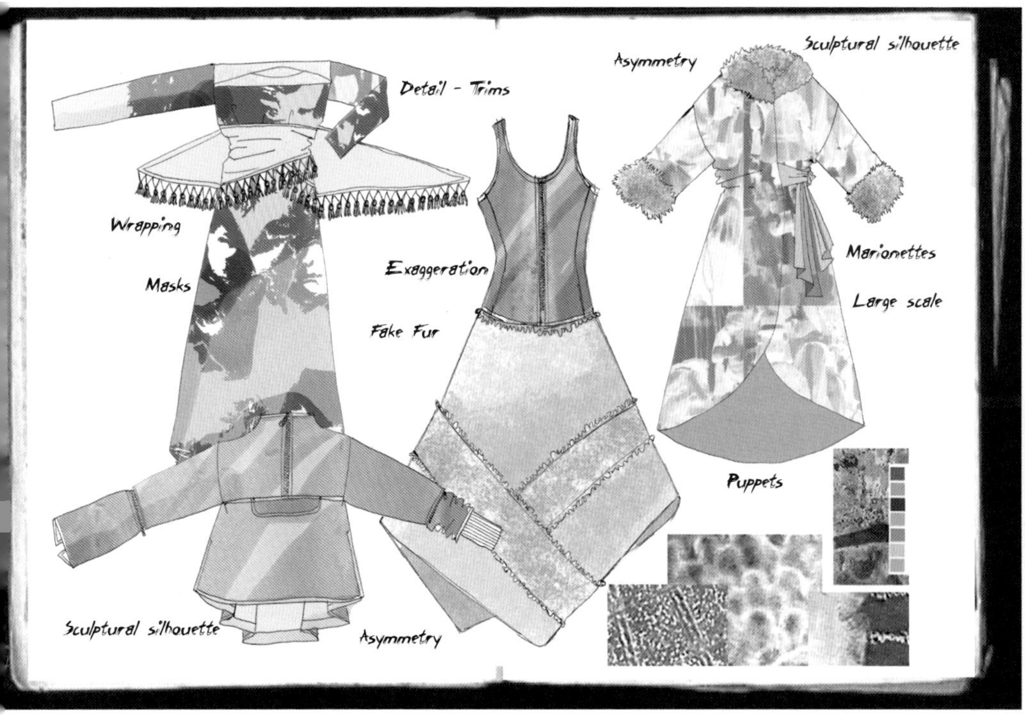

Detail - Trims
Asymmetry
Sculptural silhouette
Wrapping
Masks
Exaggeration
Fake Fur
Marionettes
Large scale
Puppets
Sculptural silhouette
Asymmetry

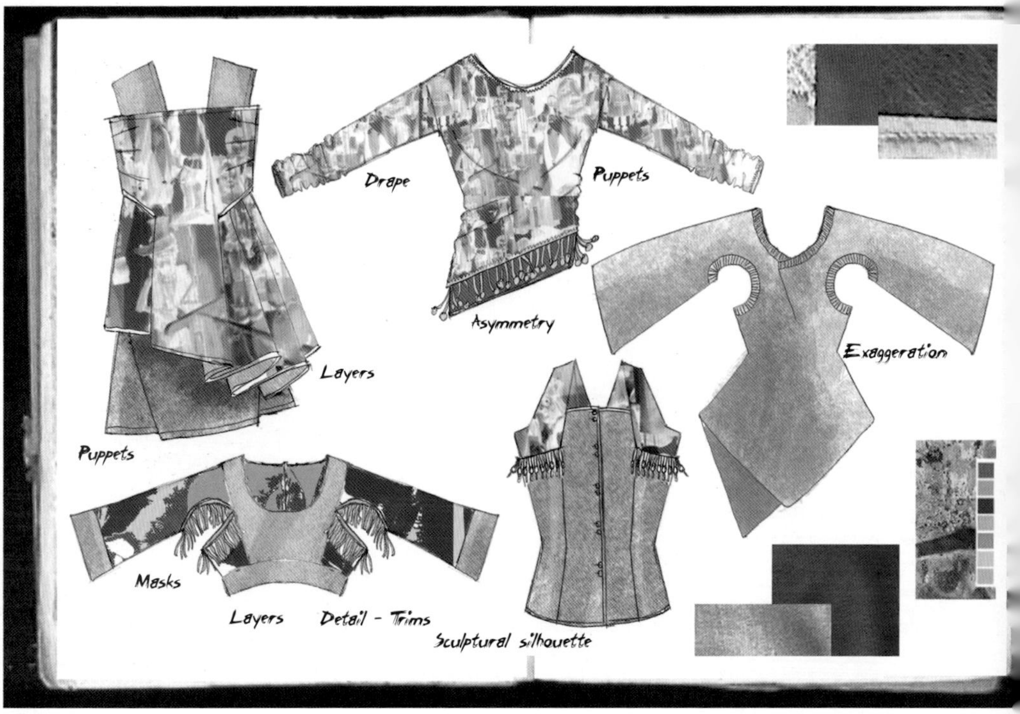

Drape
Puppets
Asymmetry
Layers
Exaggeration
Puppets
Masks
Layers
Detail - Trims
Sculptural silhouette

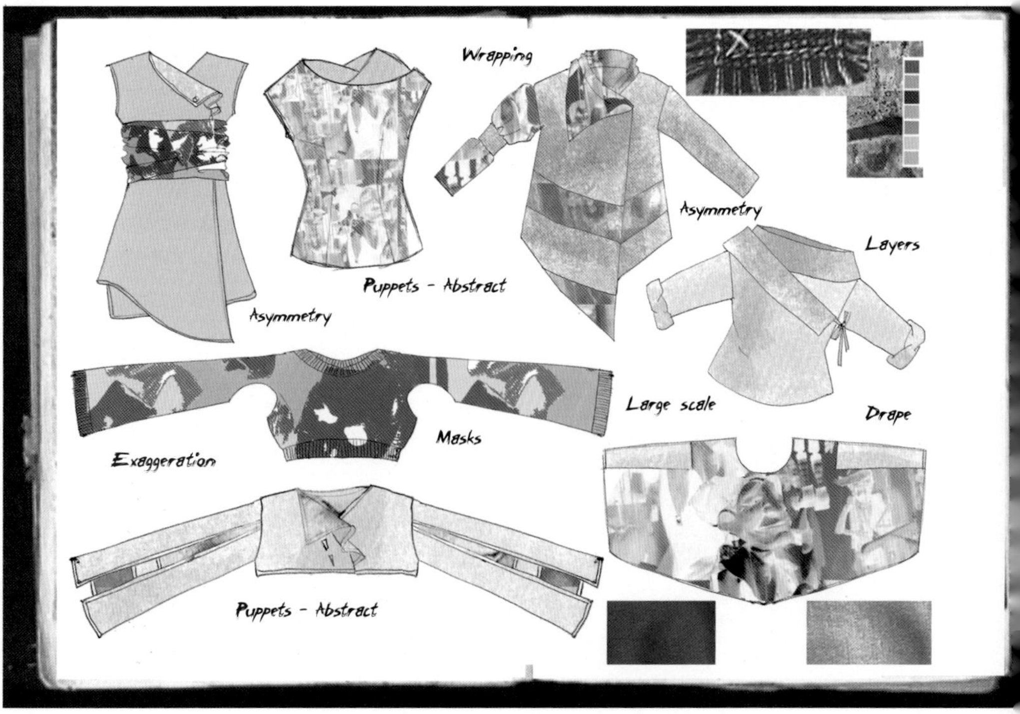

Wrapping
Asymmetry
Layers
Puppets - Abstract
Asymmetry
Large scale
Drape
Masks
Exaggeration
Puppets - Abstract

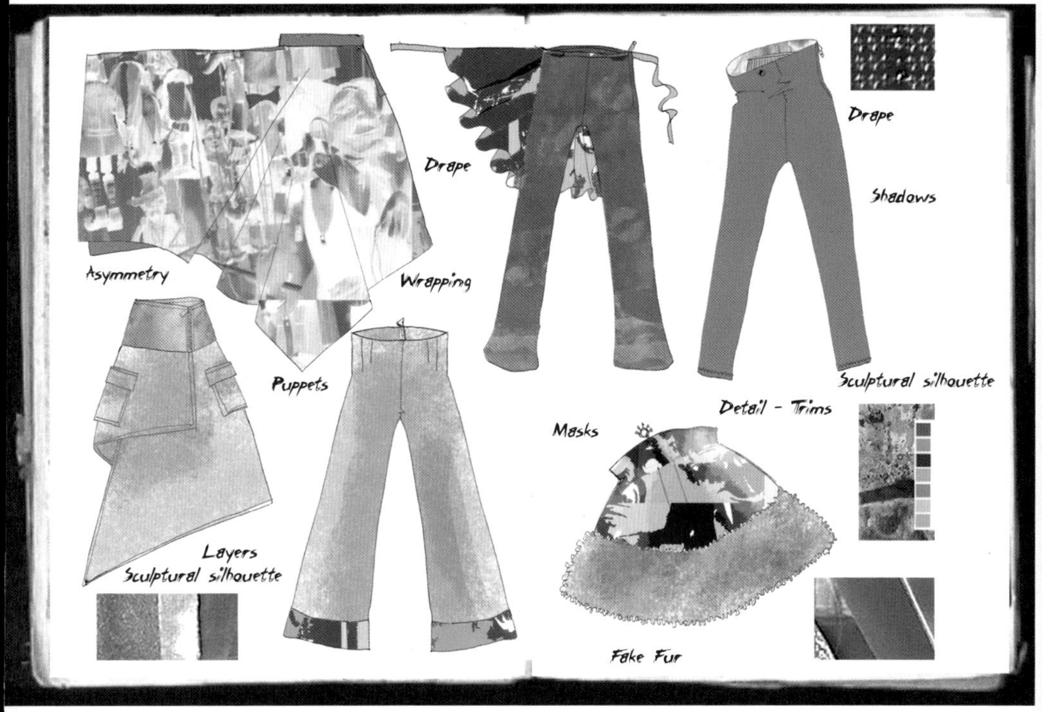
Asymmetry
Wrapping
Drape
Drape
Shadows
Puppets
Sculptural silhouette
Detail - Trims
Masks
Layers
Sculptural silhouette
Fake Fur

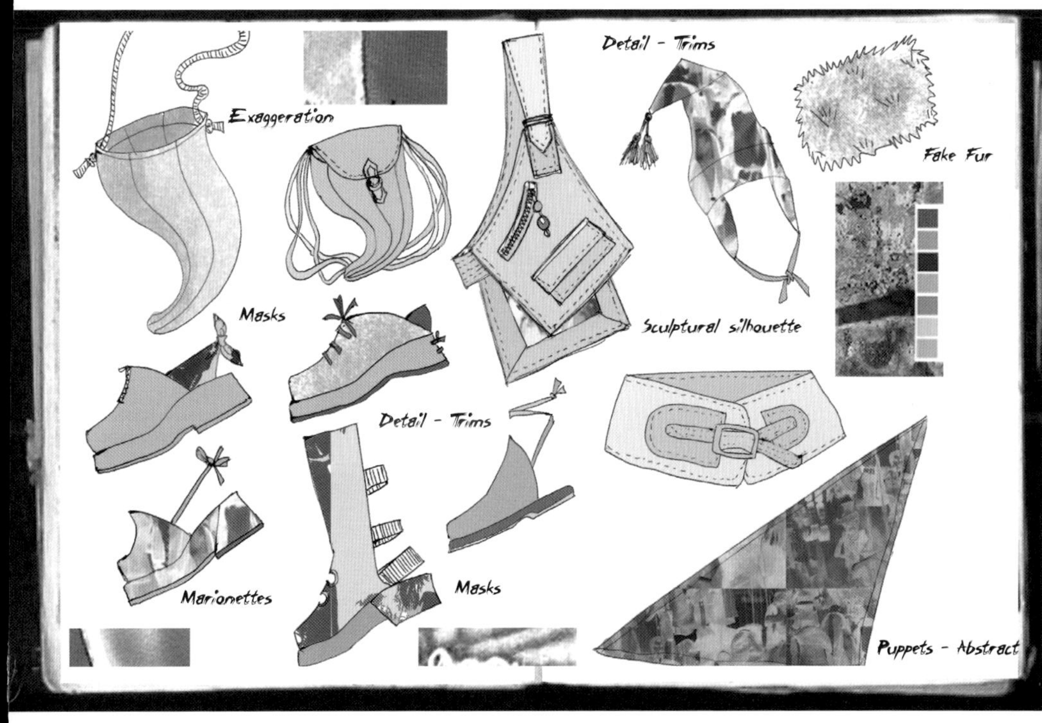
Exaggeration
Detail - Trims
Fake Fur
Masks
Sculptural silhouette
Detail - Trims
Marionettes
Masks
Puppets - Abstract

The Look 设计风格

这些绘画展示了一系列在廓型（A型或长或纤细的造型）、多层次的款式变化以及面料图案等多元的服装设计。

整个系列的风格可以从模特的姿态以及所采纳的服饰配件中很好地体现：一组针对青年客户的多姿多彩的款式风貌。

这里采纳了长短不一且多层变化的设计。不对称的设计以及底边起起落落的线条使得整体廓型看起来没有那么严肃，个别之处垂落感的设计促使款式风貌变得柔和。大尺度的图案由于做了一定的处理看上去比较抽象，而近距离细致地观察能发现这些图案灵感来自于看起来比较凶险的面具、木偶、幽灵等图形。面料中丝绸和针织材料的使用增添了整体的悬垂感；帆布以及PVC材料将构造感加强，人工皮草带来了肌理感；帽子上和外套上的驼毛更添情趣。整体款式风貌在服饰配件的映衬下被体现得淋漓尽致。

鞋靴的设计被夸大并采用了缠裹的方式，一部分是开放式的设计，而另一部分的收合在后面。过膝的袜子上配以图案设计。背包的设计有些为螺旋形，而有些为平整的方形，但包袋的尺寸都非常大。

The Mood 设计理念

针对服装品牌的拓展而言，服装的款式系列设计只完成了一方面的工作，还需要其他一些工作事项来促进完善。由于此次的这个品牌是虚拟的，因此取代了摄影图片而采用了大量的插画形式。这些时装效果图尽可能地捕捉并再现了在灵感获取时就已塑造的设计理念，而黑白手绘的方式能够更好地展示该设计理念：质朴且一丝不苟，不世故的艺术家气质，并略带些幻想的风格。这些时装插画即可用在网站中，也可运用在iPhone等新媒体上。

风格导向

下一跨页里演示了“风格导向”在服装品牌的名称与标识拓展中的应用。导向里较为详尽地展示了品牌名称与标识使用的颜色和字体。这里比较多地演绎了文字的设计与延伸，如同其他设计过程，需要对流行趋势以及灵感来源等做一定的调研。能够看到在包装袋上的应用并再现了之前就设想过的“ironwork”印制效果。

SPIRIT
ofthetimes

深色背景图样，保留了淡蓝灰色并与黑色相映衬。其他变化如下。

SPIRIT OF THE TIMES设计指南

【SPIR-IT】-名词

1. 对生命的感知有强烈的意识；带动人类肌体活动，同时调节人类肌体与思维的重要准则。
2. 一种对思维、感知或行为有激发、操控以及渗透作用的态度与原则：The spirit of reform.
3. 主流趋向或事物的主要特征：the spirit of the age.

来自于www.dictionary.reference.com

特性：

公司的名称为Spirit of the Times，或采用精缩的版本Spirit的形式。Spirit的寓意来自于以上的解释，为了更好地体现该词语空灵的感觉而选用了蓝灰色和白色，文字部分增加影色效果。字体采用了Dirty Ego体，看起来有些沧桑且盘旋着历史的回忆，和Spirit of the Time在文字上的理解是很好的映证——将过去带到现在。同时，这个字体的名称Dirty Ego多少也唤起了人们的思索。字体有不同大小尺寸的组合效果，凸显不断游历的“灵魂”特点。“ofthetimes”采用了Courier Oblique字体，并与主体相呼应。

标志是令人回味的自由女神像，而实际上是一块雕刻的维多利亚女王时代的石头——又一次借鉴了过往历史。该标志谨慎使用于包装上。

2

字体上-DIRTY EGO
字体下-COURIER OBLIQUE

WHITE-白色 BLACK-黑色

C=38 M=45 Y=46 K=40
Spirit 鼹褐色

C=15 M=8 Y=1 K=0
Spirit 蓝色

C=17 M=6 Y=13 K=0
Spirit 绿色

4

使用规则：

"Spirit of the Times "的字体及造型特征广泛运用于网络以及一些基于印刷推广使用的物品上，如包装等，通常以鼹褐色作底，文字为白色Courier字体。

如有必要，可以参考底纹格图所显示的标识与文字一起使用的效果，但带底格纹的请谨慎使用。

当底色为深色时，蓝色的感官效果不错，与鼹褐色结合使用可谓相得益彰。这样的搭配可作背景色使用。

黑白效果可以按照一定比例缩放后在任何地方进行使用，标识在有必要的情况下可以单独使用；建议使用文字与标识的整体造型进行交流。

浅绿色以及类似色调的蓝作为底色，通常用于宣传推广时。色彩整体感觉有些"怀旧"，同时摩登风貌犹存。

6

The Identity 使用特点

包装

包装以纸质提袋为主，并配以黑色铁艺纹为底。这种图案经常套层使用，增加包装整体效果的富贵感。

鞋靴或是一些易碎的品类将使用盒子包装，一些较大的盒子采用的是鼹褐色，稍小的盒子，如针对比较精细的品类进行包装的颜色则选用Spirit蓝。所有的盒子在包装上采用了正如纸巾上所使用的淡雅铁艺纹理，这样具有标识性的品牌特征在消费者使用时里里外外都能一目了然。

SPIRIT* ofthetimes

7

姓名：菲琳克丝·布鲁
年龄：19岁
性别：女性
身高：5英尺6英寸
服装尺寸：12
背景与兴趣爱好：

有着一头乌黑头发的菲琳克丝整体感觉犀利而敏锐。她对当代的文化艺术充满了兴趣。大学选修地理学专业的她正值一年级的假期，并希望成为一名前往非洲的志愿者。她非常独立，同时认为这些挑战是形成她个人经历的重要内容，通过Facebook经常和朋友们保持联络。菲琳克丝非常关心她所处的环境以及她所消费的产品。她购物的时间不算太多，因此她很乐意有机会通过网络购买Spirit在网上特制的时尚商品。公司使用再生材料制作包装袋，并承诺使用环保材料制作服装，以便对环境造成最低的损耗。Spirit提供了一种特殊的环保销售服务，为了更好地环保而减少浪费，Spirit会将前几季的服装重新处理后作为一种特制产品进行销售，这种服务很特别，菲琳克丝经常选购这类产品。她希望选择一些适合非洲之行的服装，如细节和装饰多一点的，以便在必要时进行搭配穿着；比较理想的服装材料是丝制品，既凉爽又可以在需要时进行套层搭配。

姓名：瑟东娜·屏克
年龄：26岁
性别：女性
身高：5英尺4英寸
服装尺寸：8
背景与兴趣爱好：

瑟东娜毕业于服装艺术设计专业，目前就职于伦敦一家著名的运动装品牌公司，她的穿着比较时尚而前卫。她没有太多的时间来打理服装，因为晚上要参加乐队并完成歌手与吉他手的工作，她希望在舞台上着装看起来很不错同时也要能够负担得起，她钟情于混搭和更新使用，以便她的着装看起来能够与众不同。瑟东娜很喜欢在每周（周三的下午）于网购上购买一次Spirit的新品，并与她自己收藏的一些怀旧单品进行搭配。瑟东娜的薪水比较丰厚，因此每周都会来光顾并挑选一些新产品。她通过订阅网站的新消息能够及时而准确地在iPhone应用中查阅Spirit的最新货品。瑟东娜交友广泛并在Twitter上有很多追随者。她的Facebook相册里展示了于舞台上用她自己的方式穿着并表现的Spirit图集。

姓名：英迪娜·琼斯
年龄：45岁
性别：女性
身高：5英尺8英寸
服装尺寸：14
背景与兴趣爱好：

英迪娜身材高挑并有一头金发，着装品质较高。作为一名对考古饶有兴趣并从事这门职业的人，她有一颗非常年轻的心，她经常周游世界并在这个领域里小有名气。她热爱历史以及当代文化艺术。现在，她是一位从事影视方面工作的独立董事，平时自己闲暇的时间也不多。英迪娜是Spirit的忠实客户，喜欢通过网络了解Spirit的最新产品并购买，以满足对时尚的渴望。她经常要参加并出席一些颁奖晚会以及社交活动，因此英迪娜的装束是需要精心打扮的；而有些时候她需要朴素的着装，如在户外双手被弄得脏兮兮时，较好的服装质量和耐磨的服装尤为重要。英迪娜是Spirit的老客户了，她经常光顾环保系列并特别钟爱一些特制单品以及Spirit推陈出新的配饰系列。她的职业使得她对高新科技非常感兴趣，并经常使用Facebook、Twitter以及iPhone等。她对三个长大了的孩子很民主，丈夫很富于耐心，全家有时去国外旅行，因此她衣橱中的服装多元、舒适而时尚。

网站导航图–SPIRIT–OFTHETIMES

首页
- 新品系列
  - 衬衫
  - 裙子
  - 上衣
  - 连衣裙
  - 裤子
  - 配饰
    - 鞋子
    - 靴子
    - 包袋
    - 帽子
- 时装表演秀
  - 最新时装秀
  - 时装秀档案
- 时尚文化
  - 都市时尚
  - 街头时尚
- 特制品类
  - 衬衫
  - 裙子
  - 上衣
  - 连衣裙
  - 裤子
  - 配饰
    - 鞋子
    - 靴子
    - 包袋
    - 帽子
- 礼品
  - T恤衫
- 家居系列
  - 寝具
  - 饰品
  - 靠垫

购买
- 搜索
- 最新产品
  - 加入购物篮
    - 购买

关于我们
- 联系方法
- 条款&规定
- 可持续发展理念

服务
- Spirit信用卡
- 发送和回收
- 时事通讯
- 质量品质保证

FACEBOOK

TWITTER

IPHONE 应用

左：三个分镜头脚本案例分析，用以探索潜在使用客户。

上：网站导航图，展示了Spirit需要出售的产品及其页面布局。

Web Design 网页设计

一旦品牌的形象被设计好，就可以应用在不同的媒体上了。Spirit的产品将仅仅通过网络进行在线销售。该网站将在以下两个方面发挥作用：

目标

1. 该网站用以销售Spirit产品。
2. 该网站还具备其他功能，如可以给用户提供进入Facebook、Twitter以及iPhone的便捷使用功能。

用户

针对在着装上喜欢与众不同且“活力四射”的女性用户。这些用户习惯于网络购物。

脚本案例分析

此分析非常有助于了解使用本网站人群的特点。通过对一些客户的分析，如她们的姓名、年龄、身份以及其他的一些细节，如身高、服装尺码、生活背景和兴趣爱好等内容做确定并开拓网站上的服务功能。本跨页的左侧罗列了三位不同的消费者以及她们各自分镜头脚本档案内容。其中使用红色字体加强的关键词部分被用于网站上有针对性的设计并增加相应的一些功能。年龄和着装尺寸显示了消费群的多样性，所以服装需要建立在一定数量的号型基础上进行完善。

竞争对手分析

在下一跨页中所展示的一些图例描述了三个知名的时尚购物网站，分别是River Island、Karen Millen和 AllSaints。三个品牌都在网络上进行销售，同时也有自己的高街时装零售店。与这些时尚品牌不同的是，Spirit只在网络上销售自己的时尚产品。

网站导航图

这是该网站的层次结构组合页面，列出并标记了购买的目标、方案以及有选择性的分析等内容，使用户能够一目了然。

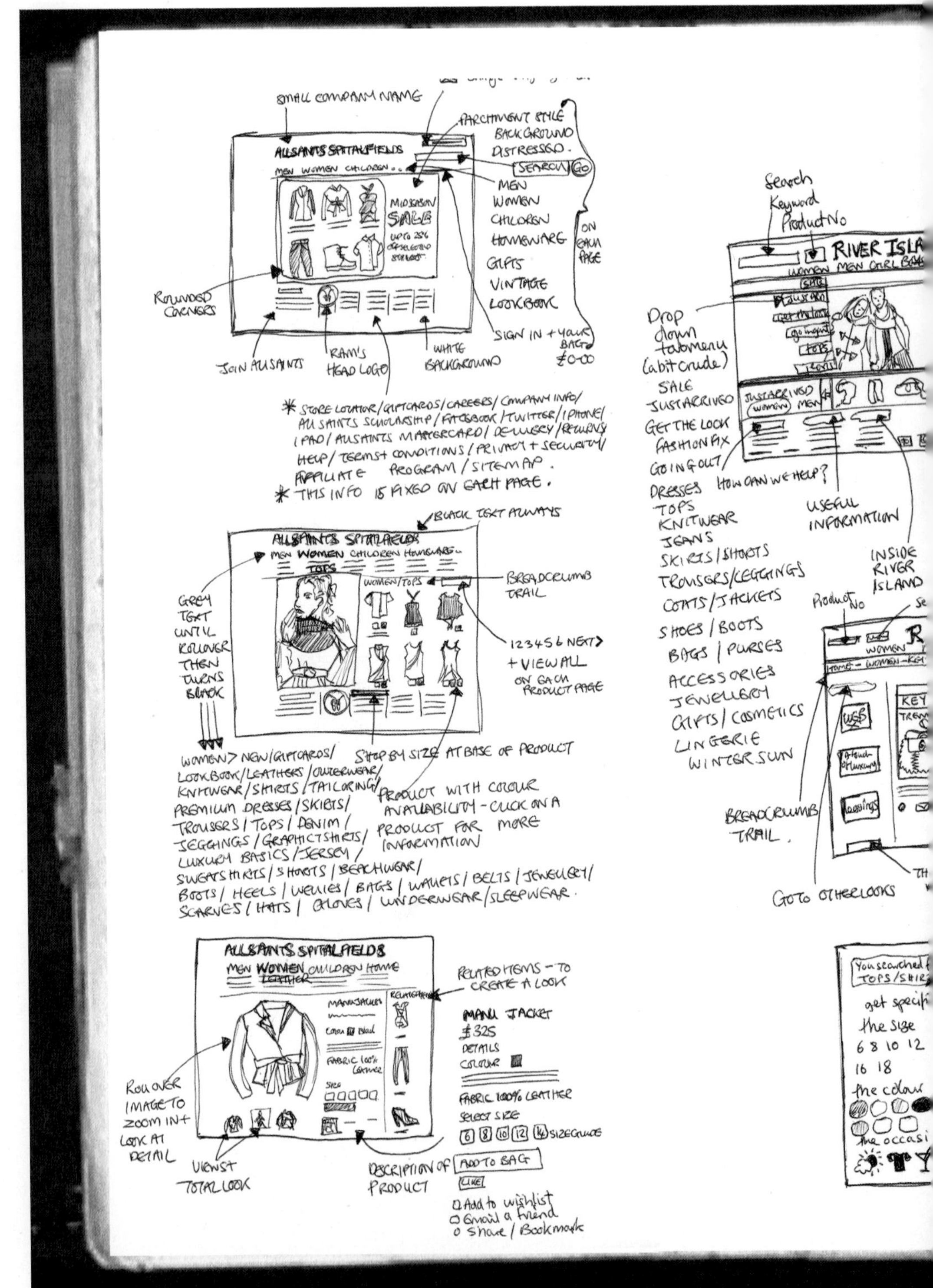
SMALL COMPANY NAME
PARCHMENT STYLE BACKGROUND DISTRESSED.
ALLSAINTS SPITALFIELDS
MEN WOMEN CHILDREN ..
SEARCH GO
MEN
WOMEN
CHILDREN
HOMEWARE
GIFTS
VINTAGE
LOOKBOOK
ON EACH PAGE
MIDSEASON SALE
ROUNDED CORNERS
SIGN IN + YOUR BAG £0-00
JOIN ALLSAINTS
RAM'S HEAD LOGO
WHITE BACKGROUND
* STORE LOCATOR / GIFTCARDS / CAREERS / COMPANY INFO / ALLSAINTS SCHOLARSHIP / FACEBOOK / TWITTER / IPHONE / IPAD / ALLSAINTS MASTERCARD / DELIVERY / RETURNS / HELP / TERMS + CONDITIONS / PRIVACY + SECURITY / AFFILIATE PROGRAM / SITEMAP.
* THIS INFO IS FIXED ON EACH PAGE.
BLACK TEXT ALWAYS
ALLSAINTS SPITALFIELDS
MEN WOMEN CHILDREN HOMEWARE ..
TOPS
WOMEN / TOPS
BREADCRUMB TRAIL
GREY TEXT UNTIL ROLLOVER THEN TURNS BLACK
123456 NEXT>
+ VIEW ALL
ON EACH PRODUCT PAGE
WOMEN > NEW / GIFTCARDS / LOOKBOOK / LEATHERS / OUTERWEAR / KNITWEAR / SHIRTS / TAILORING / PREMIUM DRESSES / SKIRTS / TROUSERS / TOPS / DENIM / JEGGINGS / GRAPHIC T SHIRTS / LUXURY BASICS / JERSEY / SWEATSHIRTS / SHORTS / BEACHWEAR / BOOTS / HEELS / WELLIES / BAGS / WALLETS / BELTS / JEWELLERY / SCARVES / HATS / GLOVES / UNDERWEAR / SLEEPWEAR.
SHOP BY SIZE AT BASE OF PRODUCT
PRODUCT WITH COLOUR AVAILABILITY - CLICK ON A PRODUCT FOR MORE INFORMATION
ALLSAINTS SPITALFIELDS
MEN WOMEN CHILDREN HOME
LEATHER
RELATED ITEMS - TO CREATE A LOOK
MANU JACKET
£325
DETAILS
COLOUR
FABRIC 100% LEATHER
SELECT SIZE
6 8 10 12 14 SIZEGUIDE
ADD TO BAG
LIKE
ROLLOVER IMAGE TO ZOOM IN + LOOK AT DETAIL
VIEWS + TOTAL LOOK
DESCRIPTION OF PRODUCT
Add to wishlist
Email a friend
Share / Bookmark
Search Keyword ProductNo
RIVER ISLA
WOMEN MEN GIRL BOYS
Drop down to menu (a bit crude)
SALE
JUST ARRIVED
GET THE LOOK
FASHION FIX
GOING OUT
DRESSES
TOPS
KNITWEAR
JEANS
SKIRTS / SHORTS
TROUSERS / LEGGINGS
COATS / JACKETS
SHOES / BOOTS
BAGS / PURSES
ACCESSORIES
JEWELLERY
GIFTS / COSMETICS
LINGERIE
WINTER SUN
HOW CAN WE HELP?
USEFUL INFORMATION
INSIDE RIVER ISLAND
Product No
BREADCRUMB TRAIL.
GO TO OTHER LOOKS
KEY
You searched f
TOPS / SHIR
get specifi
the size
6 8 10 12
16 18
the colour
the occasi

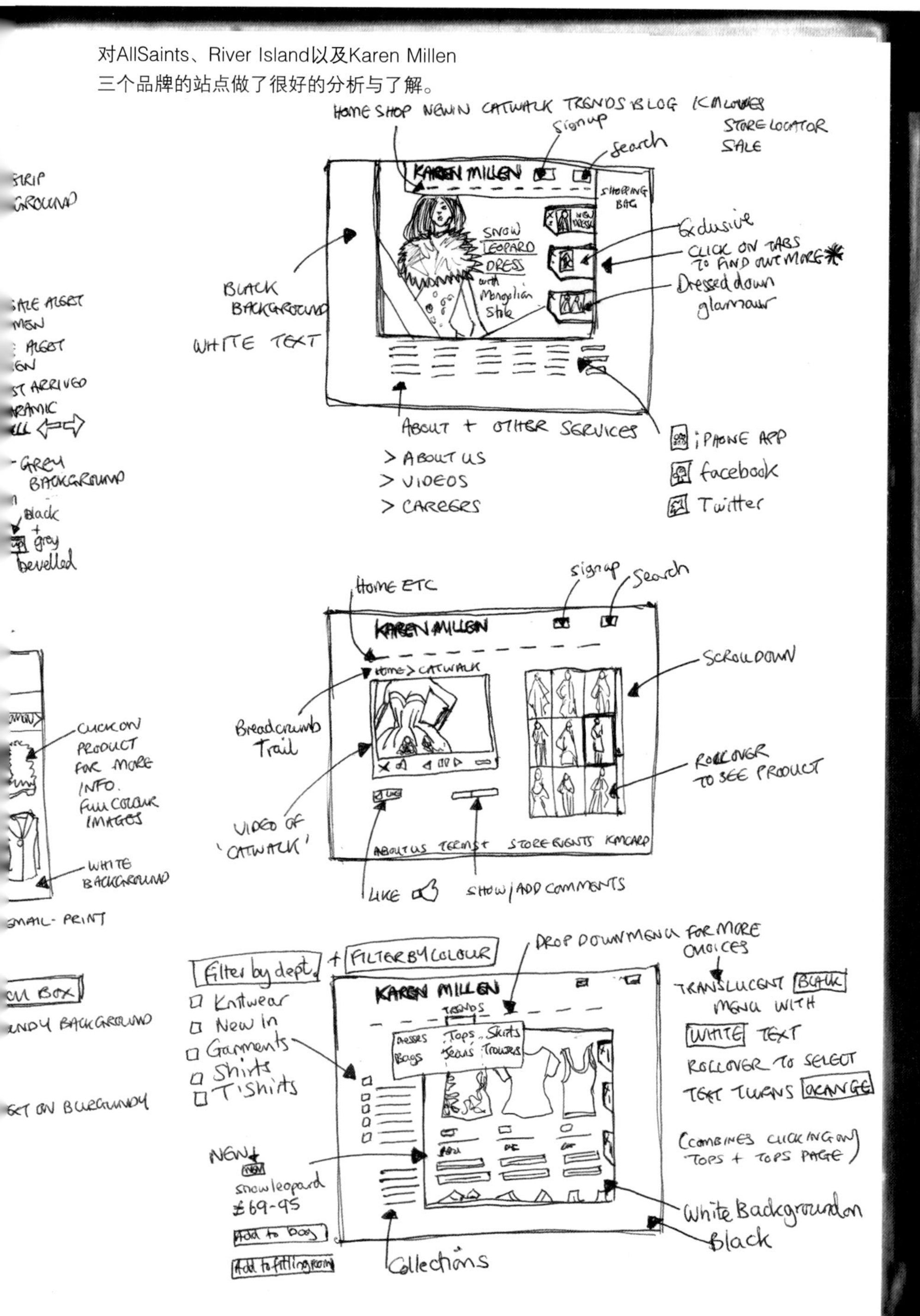

对AllSaints、River Island以及Karen Millen三个品牌的站点做了很好的分析与了解。

http://www.spiritofthetimes.co.uk
Most Visited
Getting Started
Latest Headlines
Games at Miniclip.co...
Search
Add Buttons
Personas for Firefox | Gallery
Fast Browser Search
SPIRIT
ofthetimes
SEARCH
HOME
SHOP
ABOUT US
SERVICES
FACEBOOK
TWITTER
IPHONE APP
http://www.getpersonas.com/en-US/persona/3481
http://www.spiritofthetimes.co.uk
Most Visited
Getting Started
Latest Headlines
Games at Miniclip.co...
Search
Add Buttons
Personas for Firefox | Gallery
Fast Browser Search
SPIRIT
ofthetimes
SEARCH
HOME
SHOP
ABOUT US
SERVICES
FACEBOOK
TWITTER
IPHONE APP
HOME>NEW LOOKS
NEW LOOKS
CATWALK
CULTURE
ICONIC ITEMS
GIFTS
HOMEWARE
<<
>>
http://www.getpersonas.com/en-US/persona/3481

http://www.spiritofthetimes.co.uk
SPIRIT ofthetimes
SEARCH
HOME
SHOP
ABOUT US
SERVICES
FACEBOOK
TWITTER
IPHONE APP
SHOES
BOOTS
BAGS
HATS
SLINGBACK SHOE £235
4 5 6 7
FABRIC BACKED SHOE £250
4 5 6 7
FABRIC BACKED SHOE £300
4 5 6 7
ANKLE STRAP SHOE £210
4 5 6 7
LACED SHOE £250
4 5 6 7
http://www.getpersonas.com/en-US/persona/3481

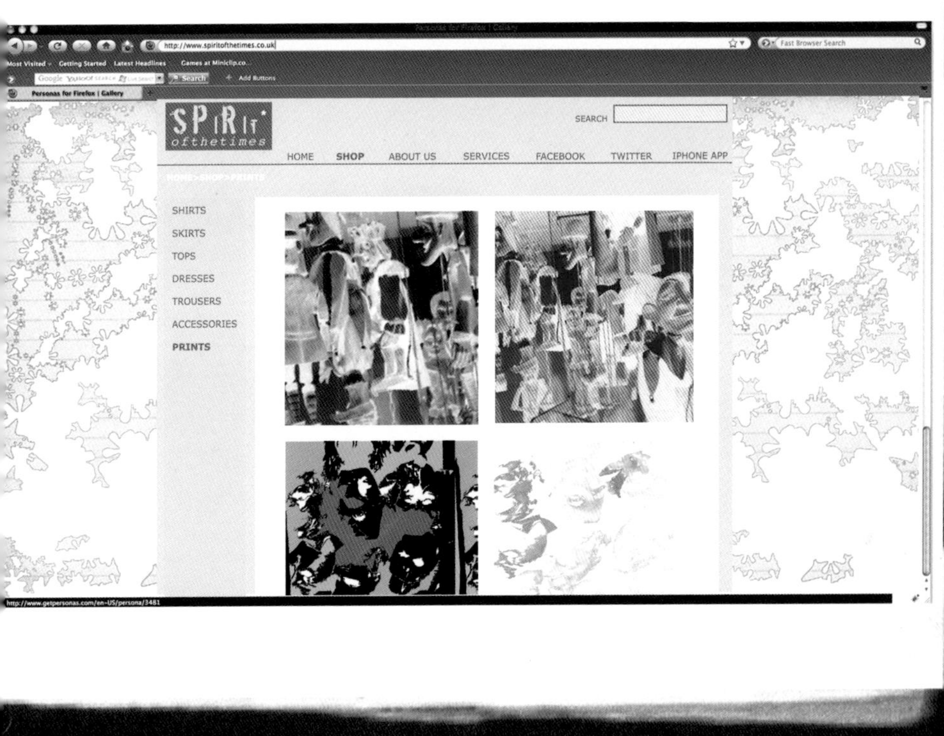
http://www.spiritofthetimes.co.uk
SPIRIT ofthetimes
SEARCH
HOME
SHOP
ABOUT US
SERVICES
FACEBOOK
TWITTER
IPHONE APP
SHIRTS
SKIRTS
TOPS
DRESSES
TROUSERS
ACCESSORIES
PRINTS
http://www.getpersonas.com/en-US/persona/3481

用于促销的T恤衫在肩袖处附有品牌标识。下图：在Twitter上使用的页面；对面页：Facebook使用页面；对面页下图：iPhone使用效果。

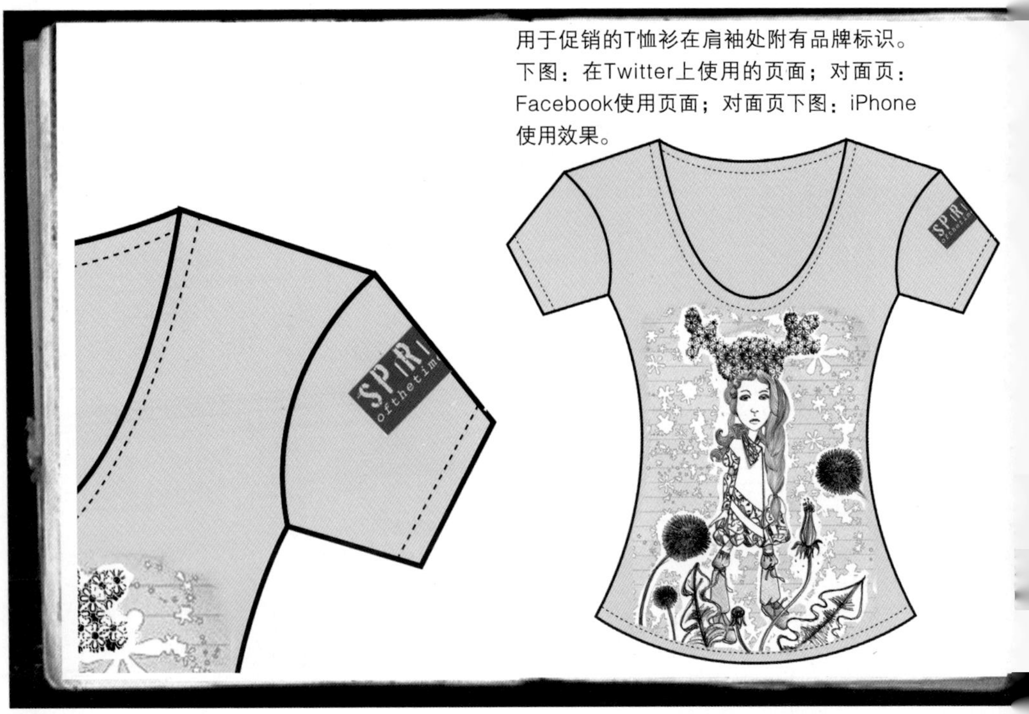

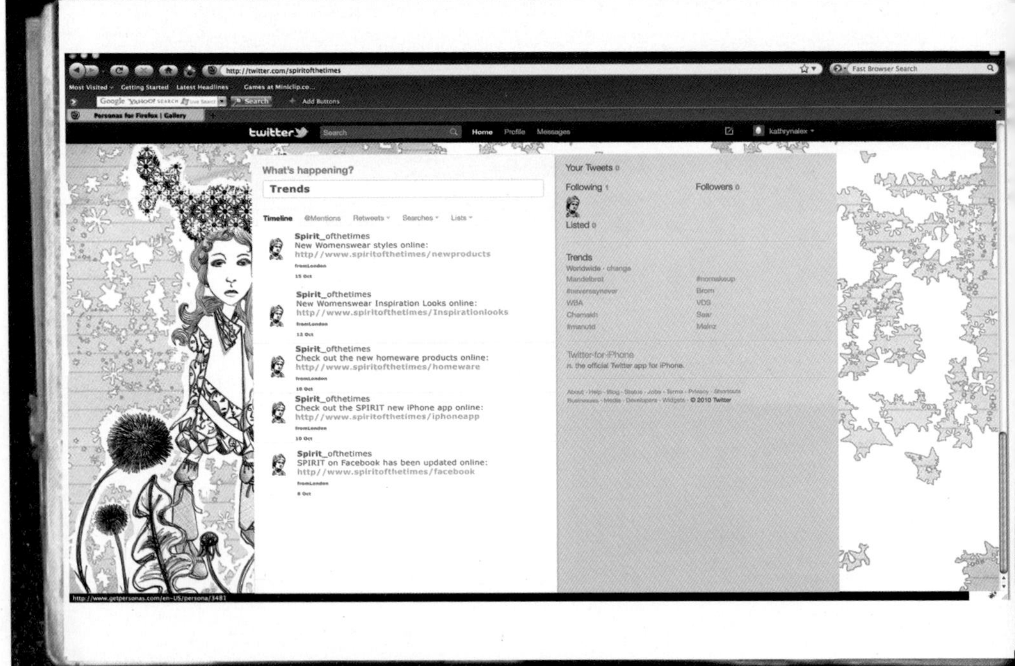

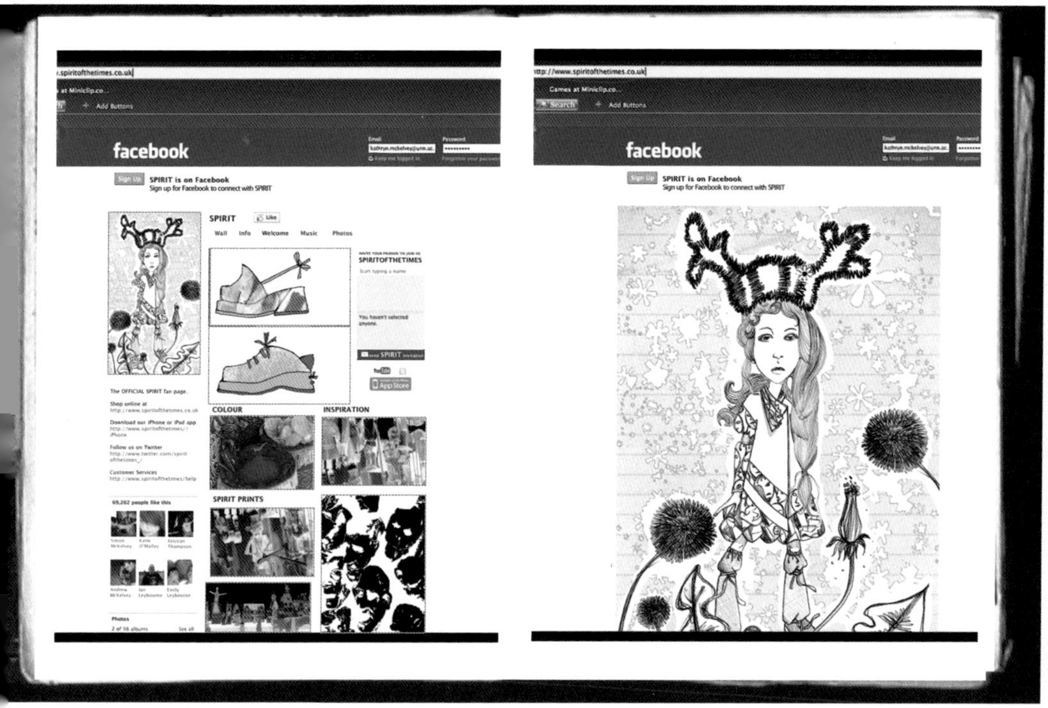
facebook
SPIRIT is on Facebook
Sign up for Facebook to connect with SPIRIT
SPIRIT
COLOUR
INSPIRATION
SPIRIT PRINTS
facebook
SPIRIT is on Facebook
Sign up for Facebook to connect with SPIRIT

Masks
Puppets
Shadows
1033
1034
1035
1036

案例分析2 Womenswear 女装

维多利亚·柯碧

针对这个设计，维多利亚的设计理念如下：

“我试图挑战当今的时尚，从而为女性们打造出一类富于探索的时装设计，用以描述她们想要的那种与众不同的穿着效果，通过服装的廓型、角度的变化以及线条的组合来完善这种利落而简洁的时装设计。”

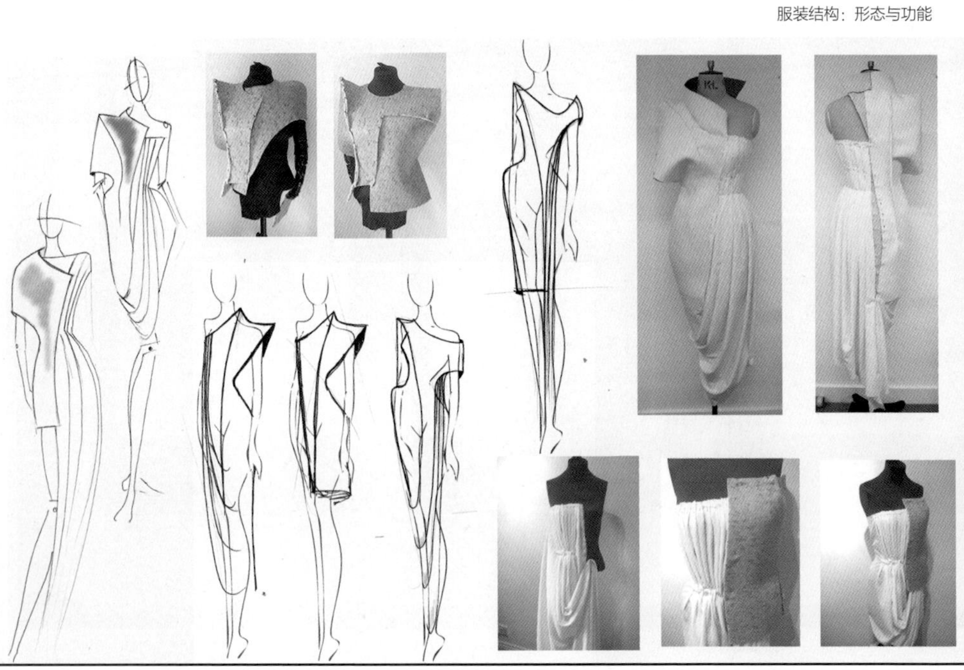

服装结构：形态与功能

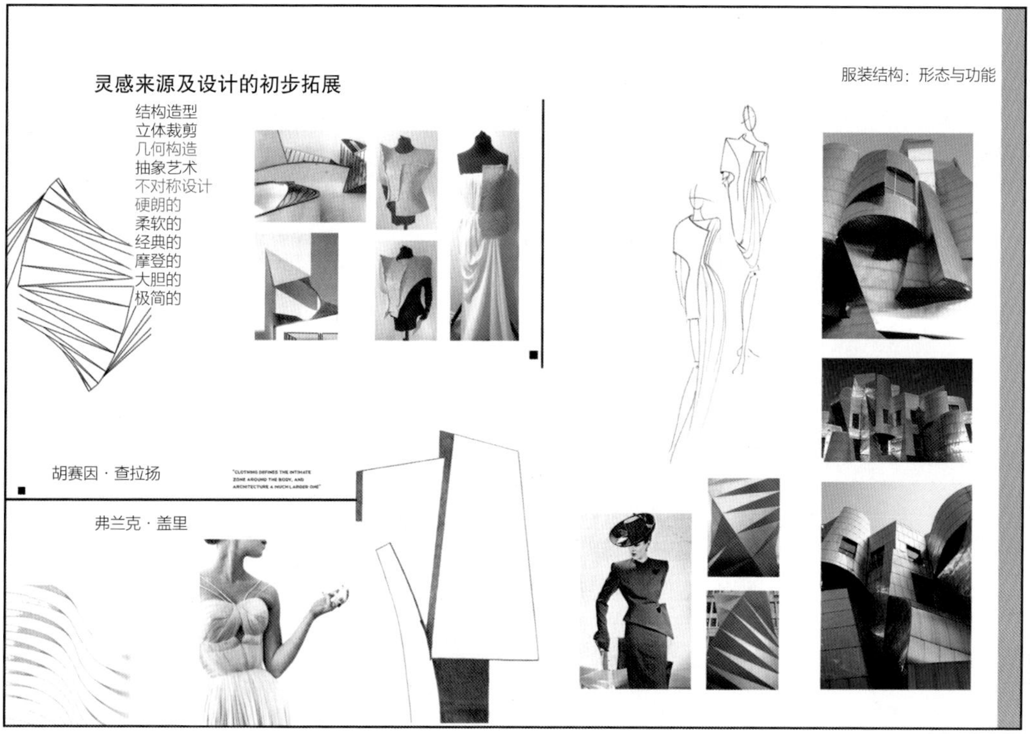

服装结构：形态与功能

灵感来源及设计的初步拓展

结构造型
立体裁剪
几何构造
抽象艺术
不对称设计
硬朗的
柔软的
经典的
摩登的
大胆的
极简的

胡赛因·查拉扬

"CLOTHING DEFINES THE INTIMATE ZONE AROUND THE BODY, AND ARCHITECTURE A MUCH LARGER ONE"

弗兰克·盖里

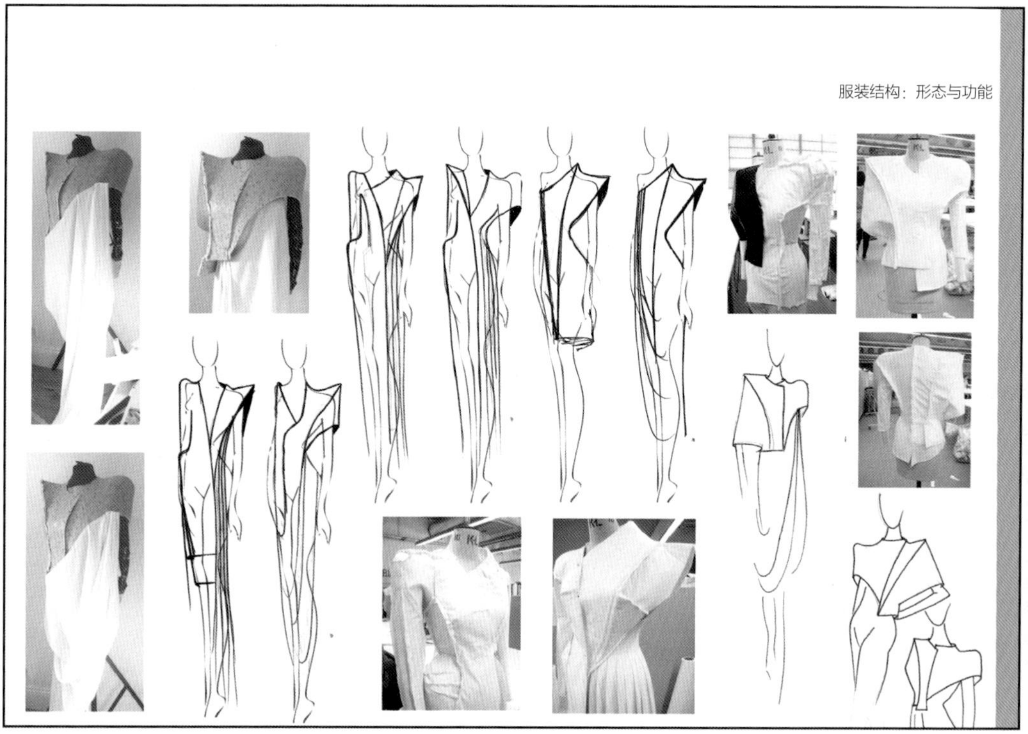

服装结构：形态与功能

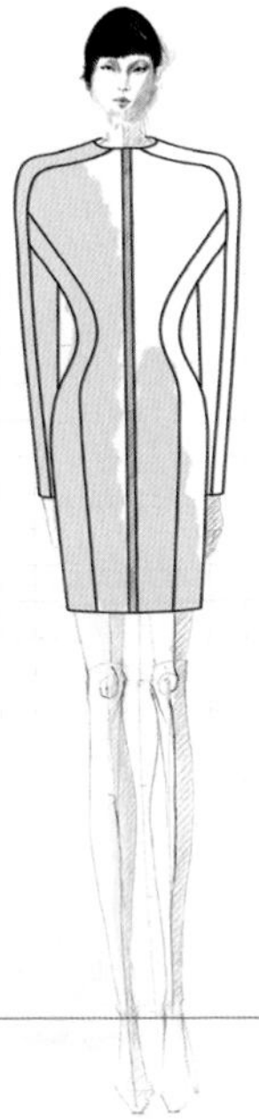

服装结构：形态与功能

首饰设计五
四层玻璃纤维手镯。

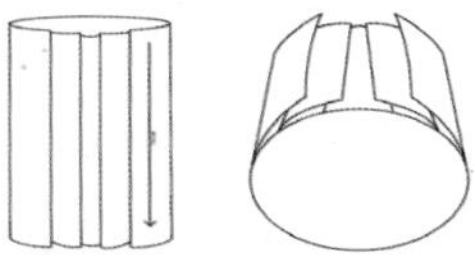

设计风貌
001

较为宽阔的肩部造型，配以短款的对称连身裙，其中成型肩纱插入前中心线。

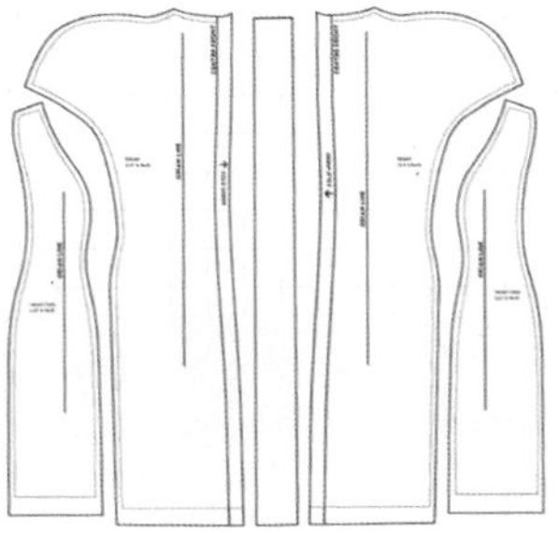

挺括裙装

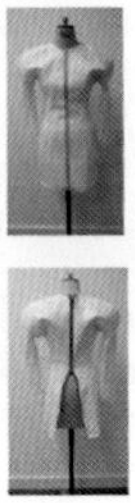

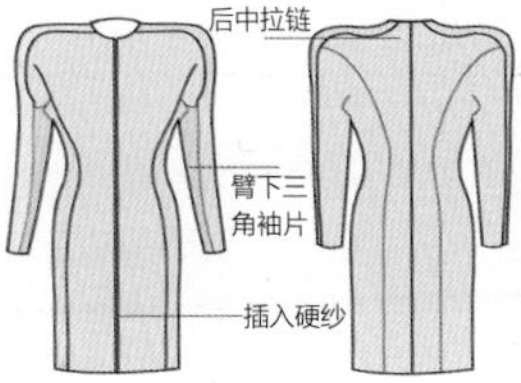

后中拉链

臂下三角袖片

插入硬纱

设计拓展单

服装结构：形态与功能

首饰设计一
造型感极强的玻璃纤维手镯，中部配以切割设计。

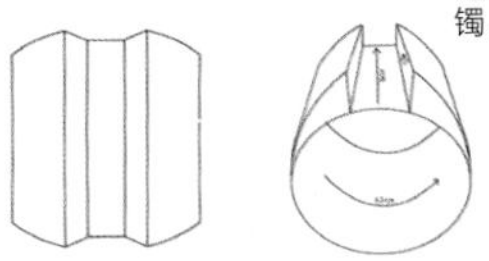

设计风貌
002

不对称的短夹克配以和服袖设计，其中左肩袖片由一片分解成数片而得。紧身的裤型，其中缝线为蛇皮嵌条装饰。

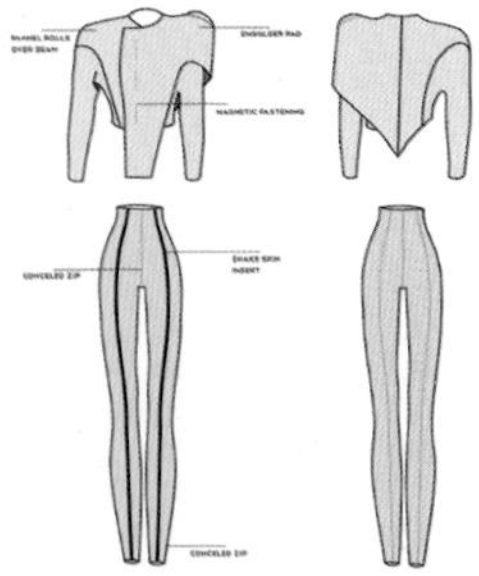

不对称的短夹克，与纤细而合体的长裤搭配

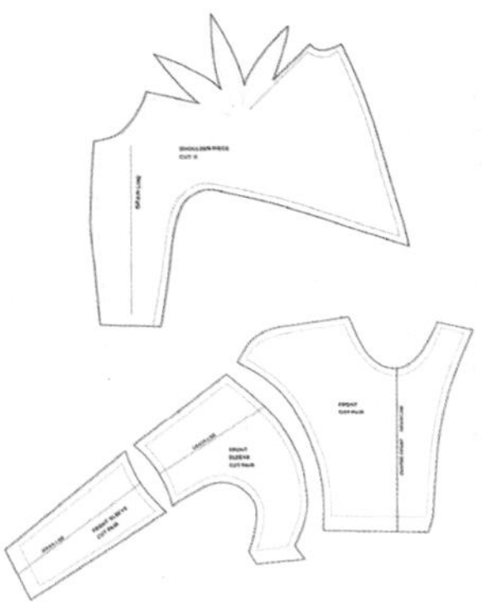

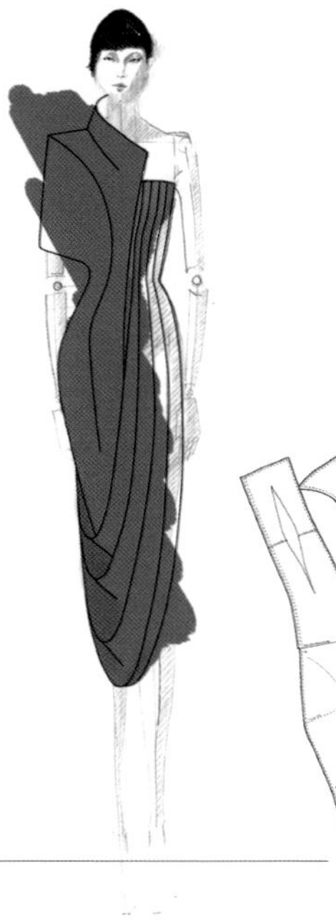

首饰设计三
不对称造型玻璃纤维手镯。

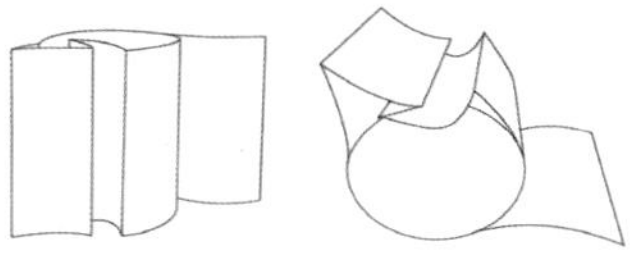

设计风貌 003

左右不对称构造感极强的立裁长裙，中间附有紧身衣，以完善经典褶线的摩登设计风貌。

造型感极强的立裁长裙

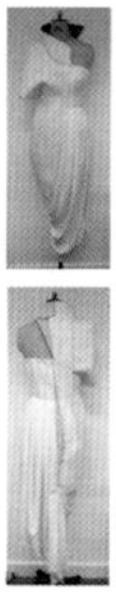

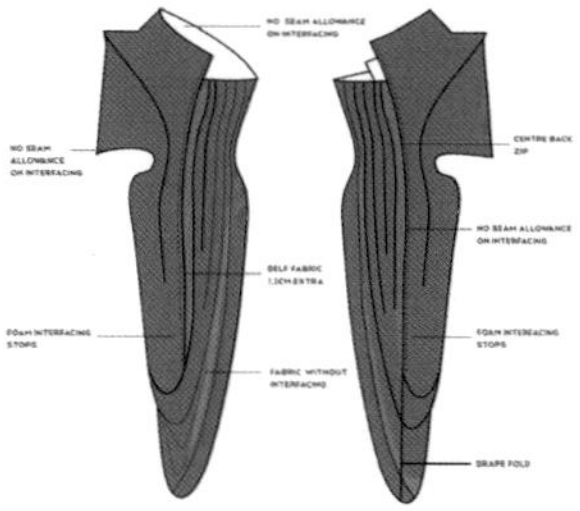

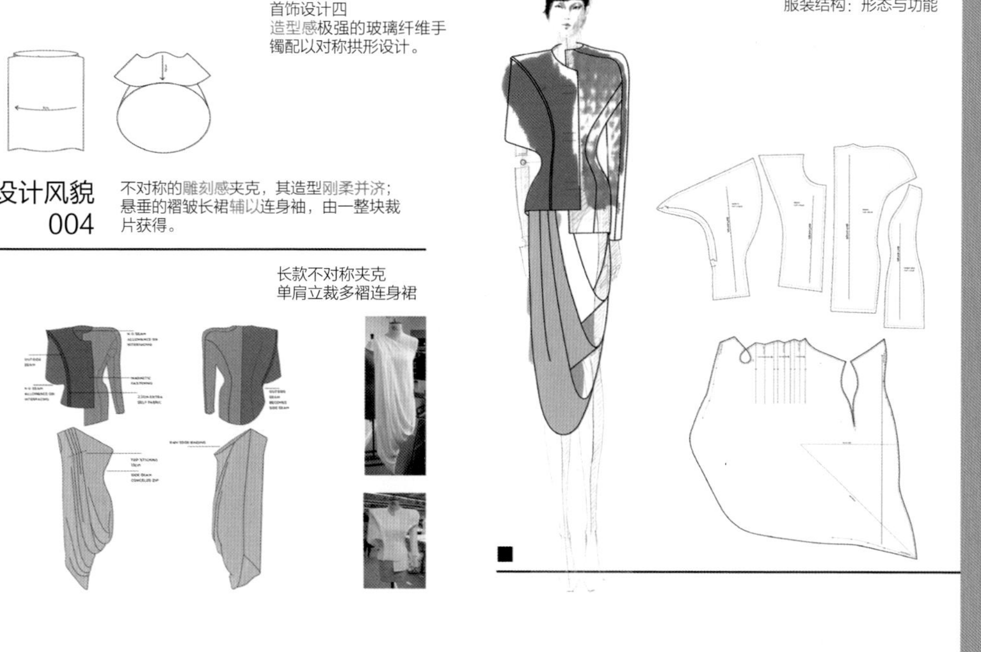

服装结构：形态与功能

首饰设计四
造型感极强的玻璃纤维手镯配以对称拱形设计。

设计风貌 004

不对称的雕刻感夹克，其造型刚柔并济；悬垂的褶皱长裙辅以连身袖，由一整块裁片获得。

长款不对称夹克
单肩立裁多褶连身裙

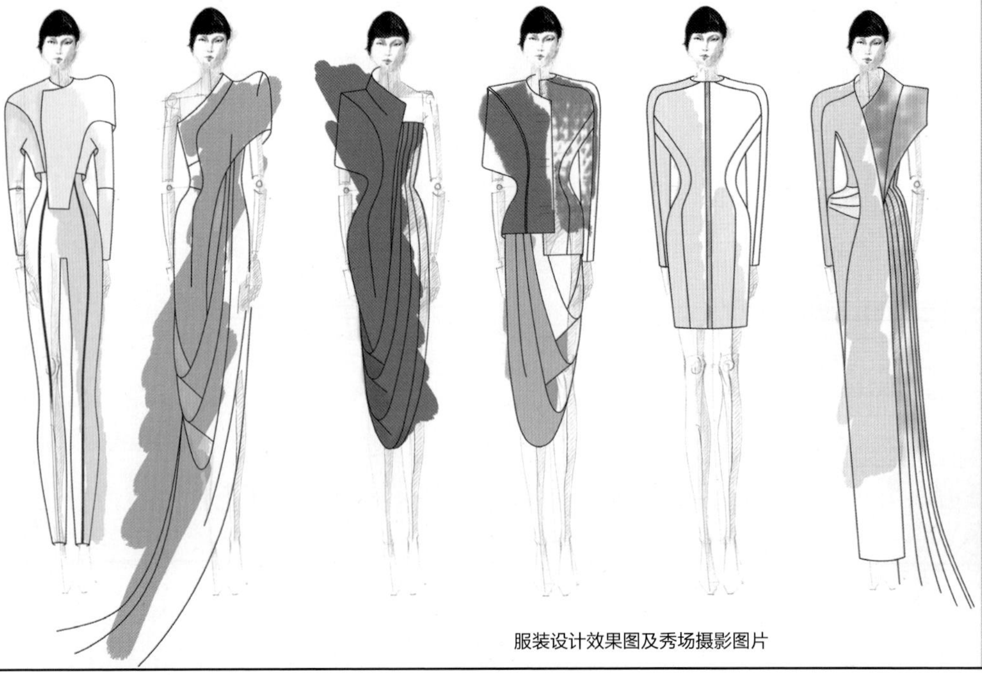

服装结构：形态与功能

服装设计效果图及秀场摄影图片

服装结构：形态与功能

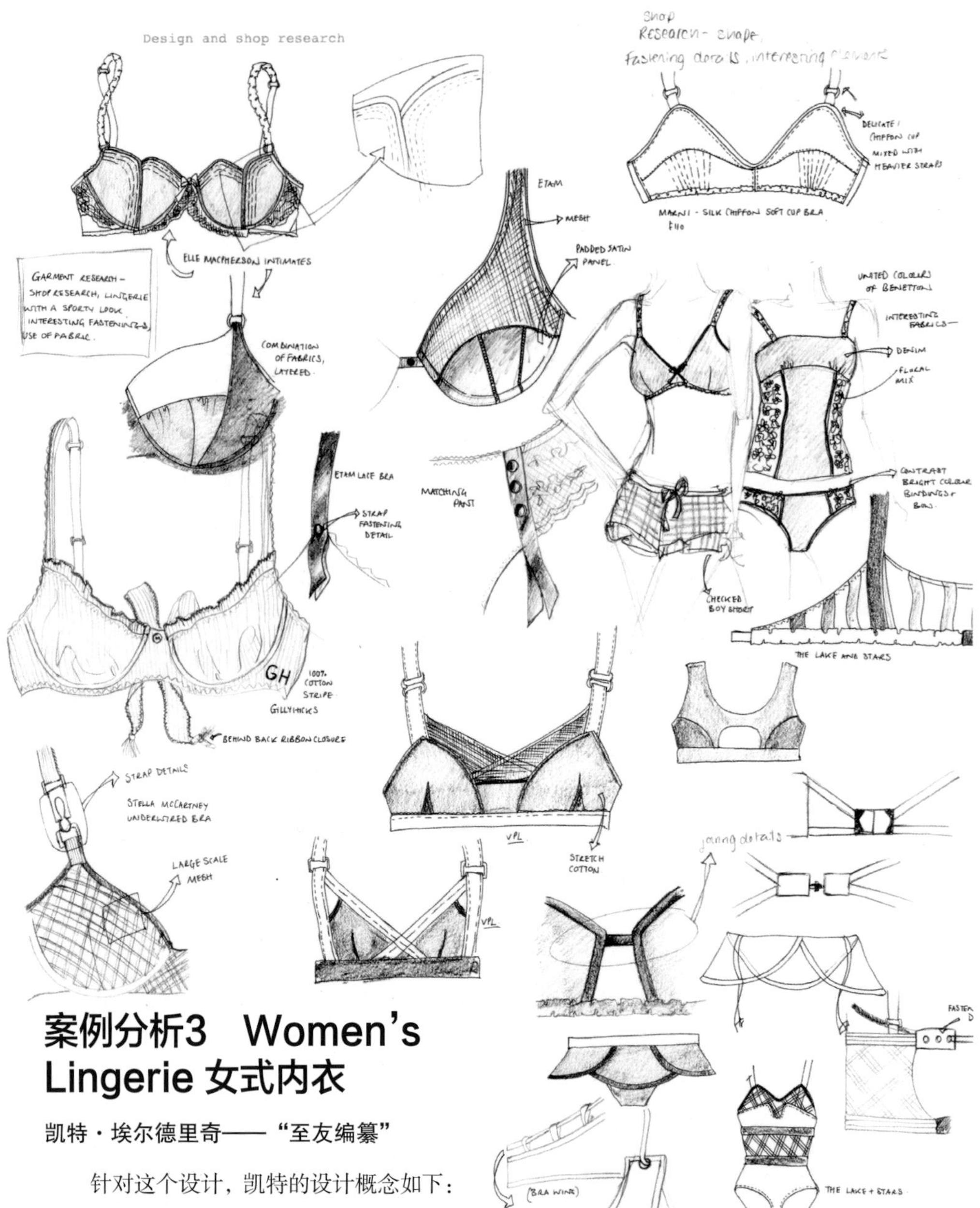

案例分析3　Women’s Lingerie 女式内衣

凯特·埃尔德里奇——“至友编纂”

针对这个设计，凯特的设计概念如下：

“致力于探讨并发掘内衣设计中较为新颖的趋势并运用于‘至友编纂’中，本设计阐述了较为中性的内衣设计风格——‘将成为男孩的女孩’。

本着一种雌雄同体的设计风格，一些设计元素来自于颇具男子汉气息的衣橱点滴，‘将成为男孩的女孩’在内衣设计中探讨了中性风格，同时也保留了一些值得称赞的设计元素。”

右图：针对有指导意义的店面报告做进一步调研。

本页：设计拓展始于对面料的考证。

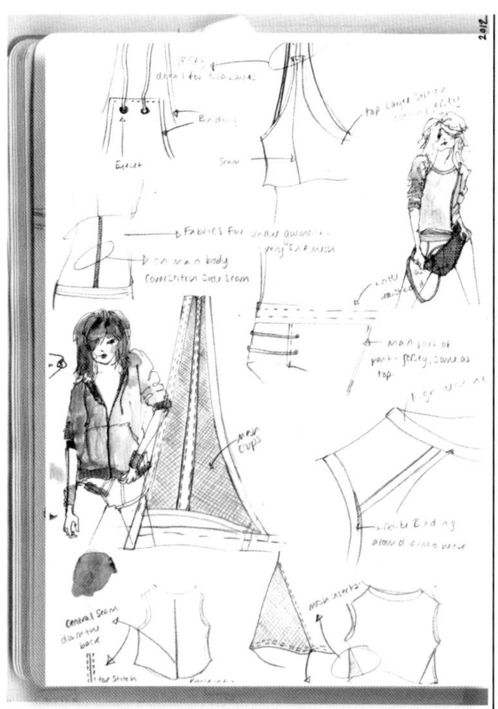

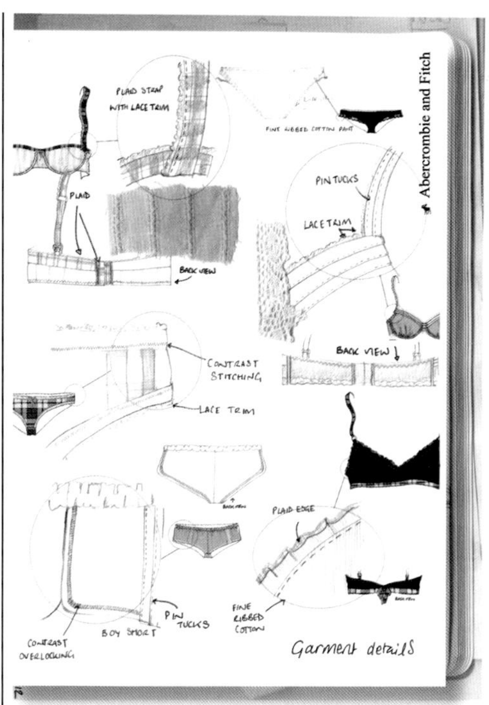
PLAID STRAP WITH LACE TRIM
FINE RIBBED COTTON PANT
Abercrombie and Fitch
PIN TUCKS
LACE TRIM
PLAID
BACK VIEW
BACK VIEW
CONTRAST STITCHING
LACE TRIM
PLAID EDGE
PIN TUCKS
FINE RIBBED COTTON
BOY SHORT
CONTRAST OVERLOCKING
Garment details

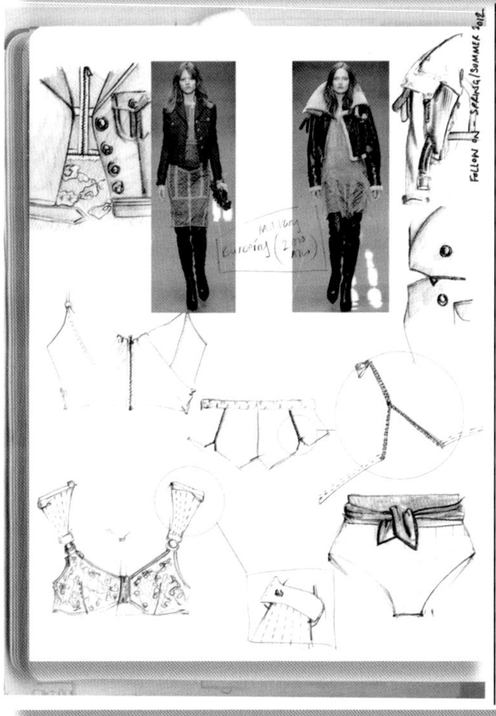
FOLLOW ON — SPRING/SUMMER 2012

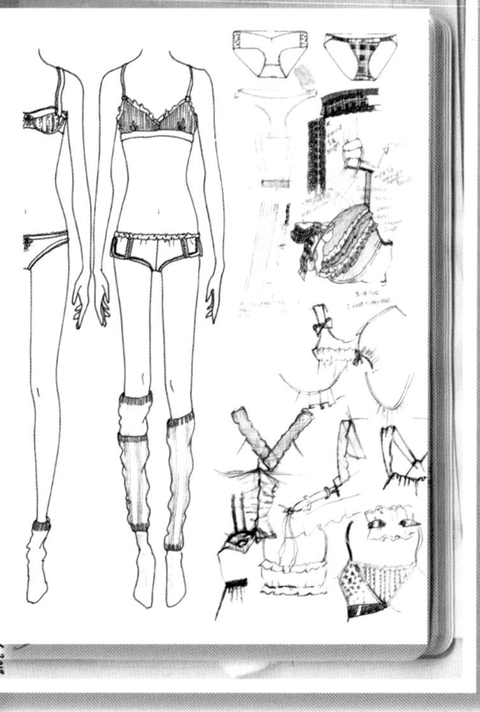

DESIGN

专注于男装的裁剪以及设计、用料等，特别是男士衬衣面料、西装料、细条纹料等的使用。服装描绘了具有男子汉情结的设计理念，以及如何将之运用于女士内衣设计中。

在时尚流行趋势的指导与启示下，女士内衣以及睡衣的设计趋向于男性化服装的设计细节以及处理手法。

本页：最终的服装系列设计和面料设计

右页：胸衣及箱型裤装款式设计

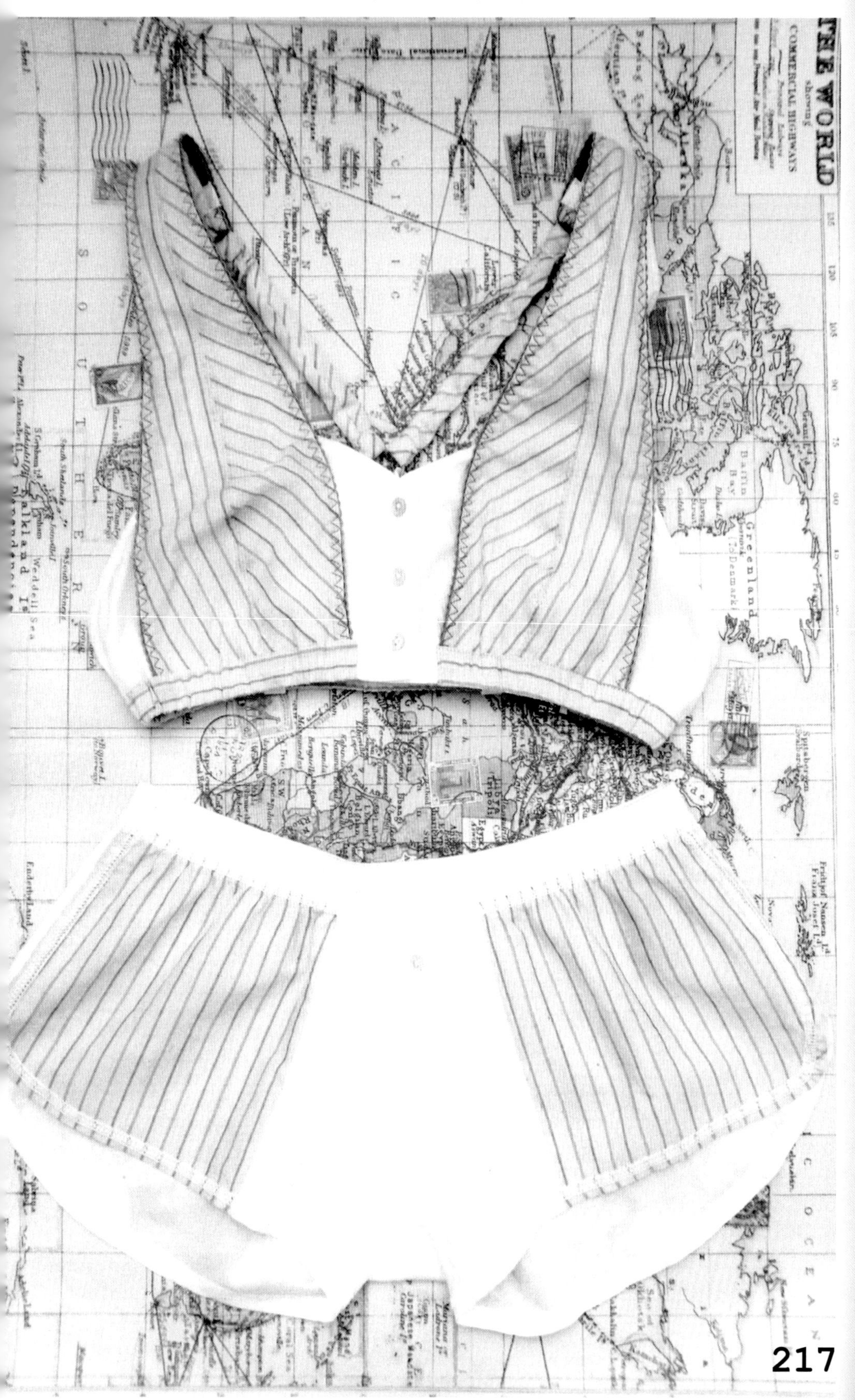
THE WORLD
showing
COMMERCIAL HIGHWAYS
Greenland
(To Denmark)
Baffin Bay
Falkland Is
Weddell Sea
Spitsbergen

案例分析4 Illustration & Graphics 插画&平面设计

尼儿·巴勒克拉夫——“王者风范”

针对这个设计，尼尔的设计概念如下：

每个人都有想象力，它无拘无束且无处不在，善于发挥它，不仅可以提升设计的创意还可以将设想付诸现实。

与《王者风范》这本书齐头并进的还有带给人们想象力的色彩、景象以及图片等。通过传播一些自然元素和引起共鸣的点滴，呼吁创意、自由而奔放的波西米亚精神。

在这本独特且手工制作的书里，跟随“罗斯科”和他的旅行来穿越富于想象力的森林吧。

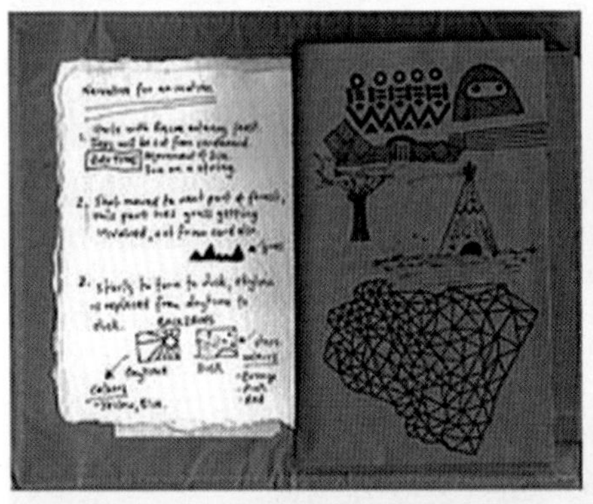

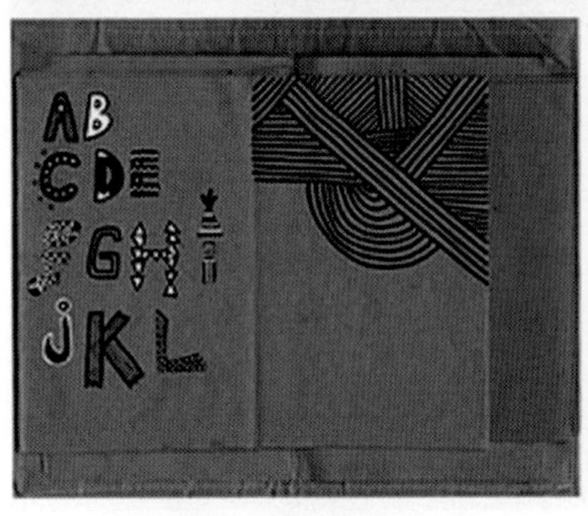

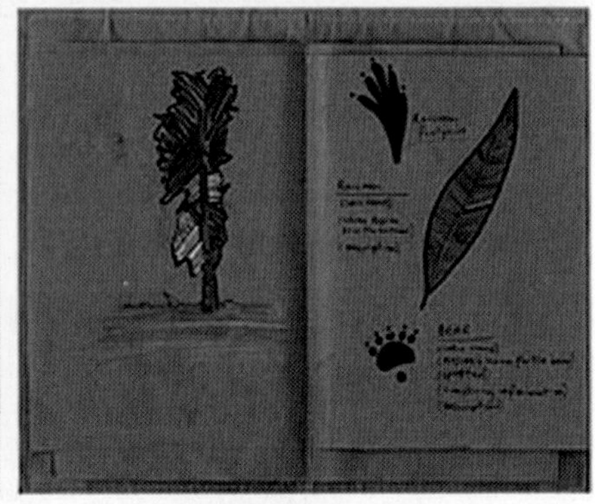

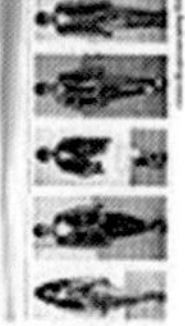

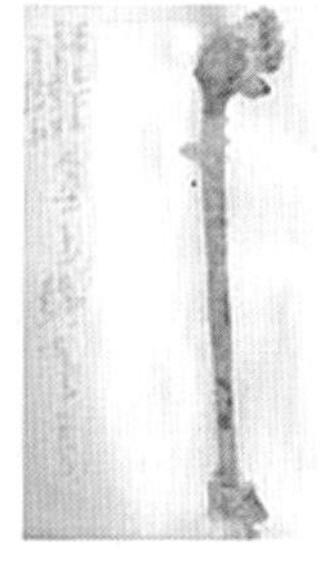

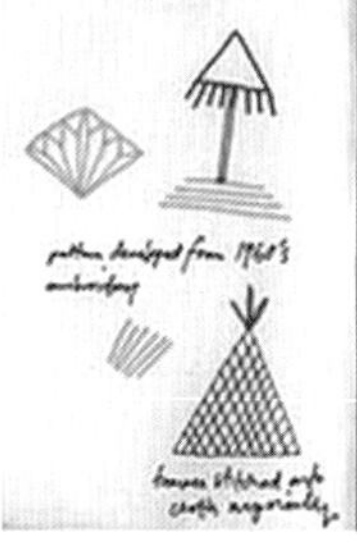

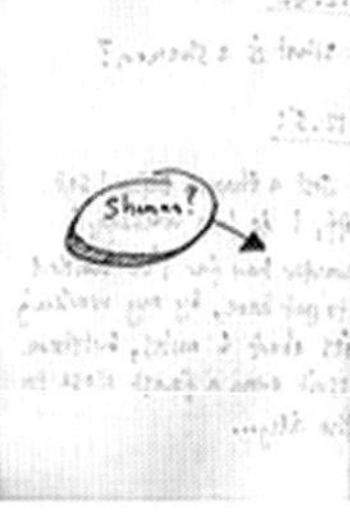

设计理念的拓展和计划

下图：设计理念的拓展和计划

这是一个有关探索人物性格以及相应场景设定的设计项目。总体描述基于主体人物性格特征，其他的被逐渐引入并发展成熟。一些形象延伸成具有软实力的产品——如进行印制与修饰的玩具。作为这个设计项目的产品，这些图画故事书和毛绒玩具很好地促进了该书的销售。

STORYBOARD.
Roscoe does enjoy train journeys, especially in the rain
our story starts in the city.
Roscoe likes looking at sunlight through the trees.
The main character is ROSCOE, he would like to escape. "There must be something else." He thinks
In his house he has a fort where he likes to spend his time. His fort has everything he likes; music, photos, lights, books, paper, pens, sticks, leaves
So, off he ventures to the forest, with his journal and his favourite camera.
Roscoe looking down at a Teepee.
Grass
Roscoe
Fir tree
Big tree with no leaves
trees of autumn time.
Big mountain
Teepee
Bushy tree.
Landscape of forest.

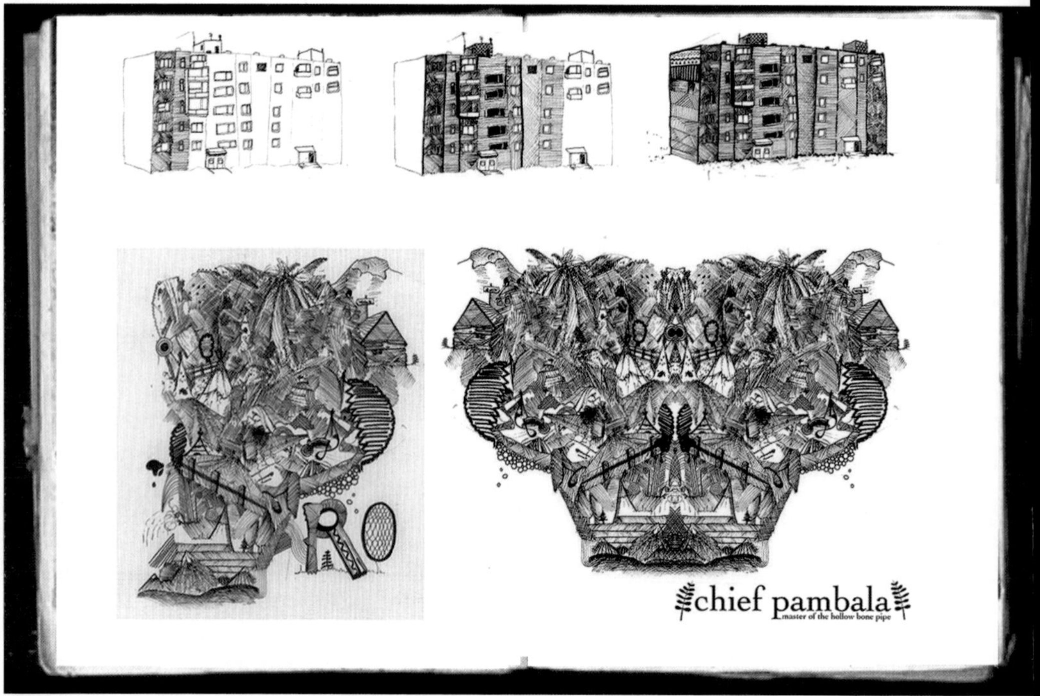

chief pambala
master of the hollow bone pipe
Fibwa 
the wolf
the start of the journey into the forest.

Chicua
THE BEAR
USED TO BE A KING
Used To Be A King

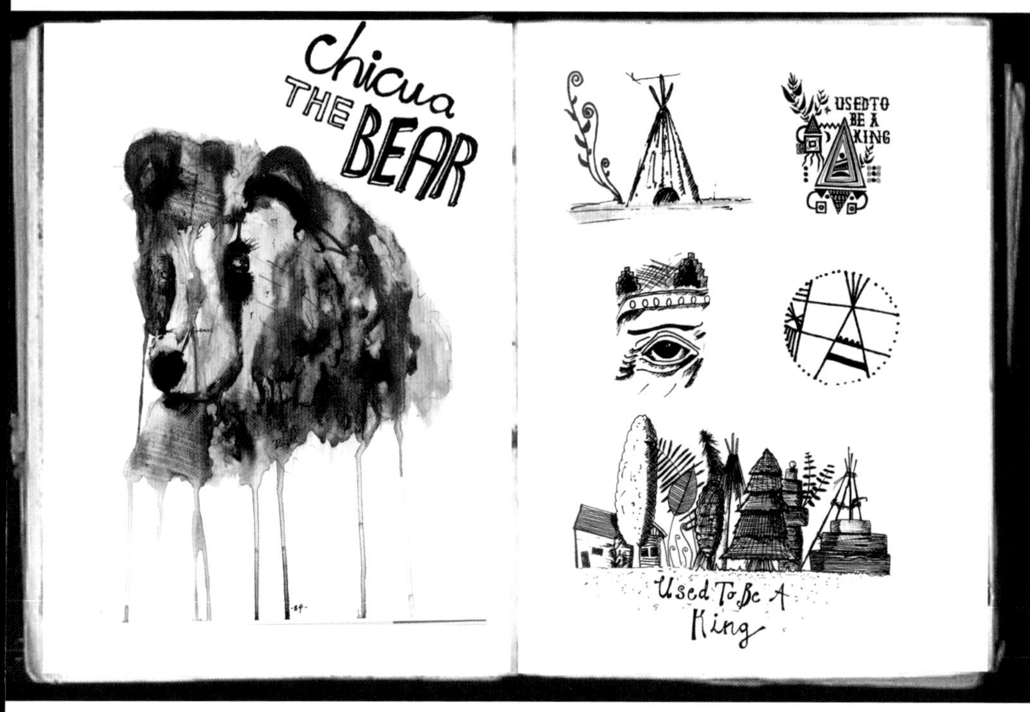

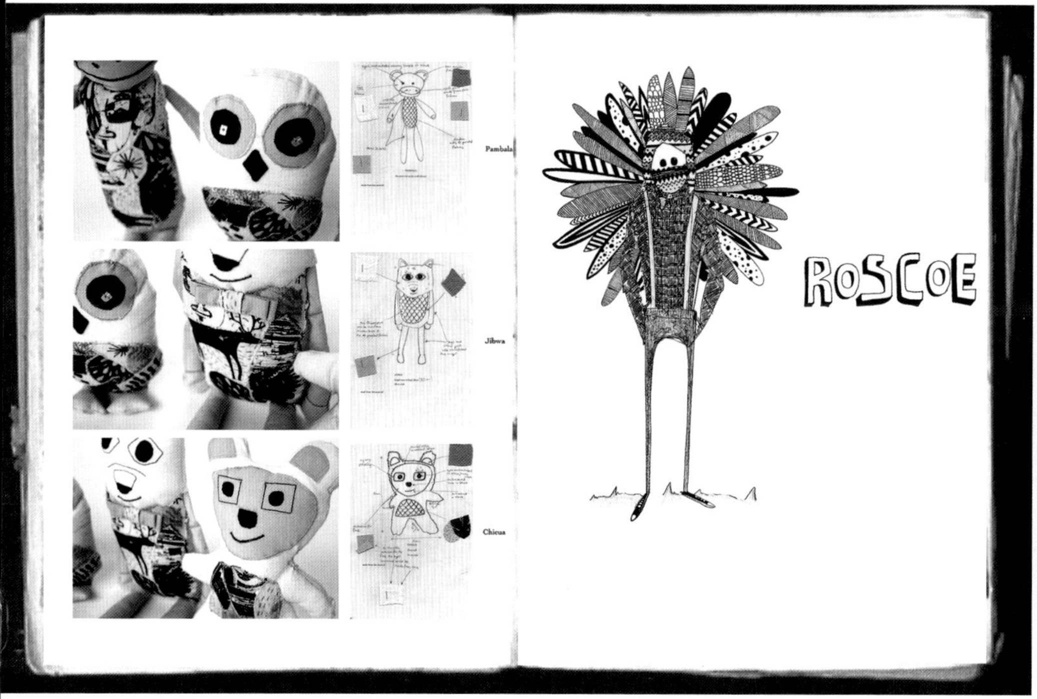
Pambala
Jibwa
Chicua
ROSCOE

Bibliography 参考书目

以下的一些书目以及链接服务等对本书的内容有很好的促进，一些仅为素材的来源！

Adair, J. (1996) Eff ective Innovation: How to Stay Ahead of the Competition, Pan, London.

Baldizzone, T. & G. (1995) Tibet on the Path of the Gentlemen Brigands – Retracing the Steps of Alexandra David Neel, Thames & Hudson, London.

Bowkett, S. (2007), 100+ Ideas for Teaching Thinking Skills, Continuum International Publishing Group, London.

Coupland, D. (2002) Life After God, Scribner.

Heller, S. & Mirko, I. (2004) Handwritten – Expressive Lettering in the Digital Age, Thames & Hudson Inc, London.

Kalman, T. & K. (2000) (Un)Fashion, Booth Clibborn Editions, London.

Klanten, R. & Hendrik, H. (2009) Illusive 2 –Contemporary Illustration and it's Context, Gestalten, Berlin.

McKelvey, K. (2006) Fashion Source Book, 2nd Edition, Blackwell Publishing, Oxford.

McKelvey, K. & Munslow, J. (2007) Illustrating Fashion, 2nd Edition, John Wiley & Sons, London.

McKelvey, K. & Munslow, J. (2008) Fashion Forecasting, John Wiley & Sons, London.

Nuttall, Z. (1975) The Codex Nuttall, Dover Publications Inc, New York. Pavitt, J. (2000) brand.new, V&A Publications, London.

Petty, G. (1997) How to Be Better at Creativity, Kogan Page, London.

Phillips, T. (2005) A Humument: A Treated Victorian Novel, 4th edition, Thames & Hudson, London.

Popcorn, F. (1996) Clicking, Thorsons, London.

Quinn, B. (2009) Textile Designers at the Cutting Edge, Laurence King Publishing Ltd., London.

Retwold, O. (2000) Retail Design, Laurence King Publishing, London.

Sanders, M. Ed. (2008) Fruits, Phaidon Press Limited, London.

Seivewright, S. (2007) Basics Fashion: Research & Design, AVA Publishing, London.

Siler, T. (1997) Think Like a Genius, Bantam Press.

Sternberg, R. J. & Davidson, J. E. (eds) (1996) The Nature of Insight, MIT Press. MIT.

Stevens, M. (1996) How to be a Better Problem Solver, Kogan Page, London.

服装流行预测提要

Carlin
Color Portfolio Inc.
Fashion Snoops
Here & There
Jenkins Reports UK
Li Edelkoort
Milou Ket Styling & Design
Mudpie Designs Ltd
Nelly Rodi
Peclers
Promostyl
Style.com
Stylelens
Stylesight
Trend Bible
Trendstop
Trend Union
WGSN (Worth Global Style Network)

杂志

Collezioni
ID Magazine
Textile View
View 2
Wear Global magazine
Young Englishwoman Journal

Index 索引

索引

Acknowledgements 致谢

Kathryn and Janine would like to thank the following for their excellent contributions to this book!

Colleagues Dr. Kevin Hilton for his contribution to Analysing the Brief and the Innovation chapter and Nick Sellars for his help with the Portfolio chapter. Paul Goodfellow for inspiring Kathryn with the visual part of the Innovation chapter and for his very original thinking. Fiona Raeside Elliot for her work in the Design Using the Computer section.

Students and graduates, namely: Helen Ingrey, Michael Laine, Steven Kelly, Koroku Matsuura, Katie Lay, James Dennehy, Alexandra Embleton, Holly Armitage, Helen Eckersley, Amelia Chester, Victoria Kirby, Kate Eldridge, Neil Barraclough, Joe Coulam, Husam Elfaki, Jack Merrell, Steven Myers, Callum Best, Marek Czyzewski, David Finnegan, Liam Owen, Alex Rossell, Patrick Niall McGoldrick, Alex Steven, and Liam Viney, Sarah Grant, Jenny Harvey, Benjamin Munslow, Luke Richardson, Ruth Capstick, Rosie Sugden, Lucy Anderson, Natalie Antonopoulos, Carly Blade, Catriona Boyle, Alexandria Bradley, Samantha Burlison, Sophie Byrne, Lucy Christian, Charlotte Cook, Rachael Jane Davies, Cora Drew, Romy Elsom, Carly Grant, Jennifer Gresham, Ember Halpin, Rebecca Harrison, Rachel Heley, Katherine Hilton, Arabella James, Karina Lucy Jones, Lydia King, Chloe Latto, Aidan MacGregor, Nina Miljus, Bindi Mistry, Natalie Oldham, Jess Oxley, Emma Pettinger, Stacey Potts, Martin Priestley, Amy Quickfall, Amy Robertson, C. Fay Roxburgh, Charlotte Sanders-Yeomans, Hilbre Staff ord, Gemma Stokes, Carly Turnbull, Emma Valenghi, Brett Roddis, Nicola Morgan, Kayleigh Dunn, Ruth Davies, Miriam Sucis, Charlotte Simpson, Gabrielle Schoenenberger, Hannah Earnshaw, Stephanie Butler, Amber Little, Naomi New, Alison Winstanley, Holly Storer, Maxwell Holmes, Emilia Boulton, Sally Bound, Dulcie Dryden, Hannah Casen Seawright
Caroline Rowland, Jemma Page, Stacey Beggs, Holly Farrar, Ledina Zhang, Daniel Hull and Adam Wright and anyone we have accidentally missed off the list.
Big thanks to the Fashion Design, Fashion Marketing, Motion Graphics & Animation and Interactive Media Design programmes in the School of Design at Northumbria University. Thank you to Drew Kennerley and Wiley Blackwell for giving us another opportunity to indulge ourselves for a while.

Kathryn McKelvey
On a personal note I would like to thank my family, particularly Ian, Emily, Lucy and Jack, for their support and patience.Thanks is also due to my mum for always showing enthusiasm and interest in whatever I have done.

Janine Munslow
I would like to thank my family, friends and colleagues for their help and support and the staff , students and graduates of Fashion at the School of Design, Northumbria whose creativity and ingenuity has provided so much of the content